生态恢复关键技术研究

李 建 编著

中国林业出版社

图书在版编目（CIP）数据

生态恢复关键技术研究/李建编著.—北京：中国林业出版社，2009.8
ISBN 978-7-5038-5679-2

Ⅰ.生… Ⅱ.李… Ⅲ.生态系生态学－研究 Ⅳ.Q148
中国版本图书馆CIP数据核字（2009）第134311号

出版 中国林业出版社（100009 北京市西城区德内大街刘海胡同7号）
网址 www.cfph.com.cn Email：lucky70021@sina.com
电话 （010）83283569
印刷 北京中科印刷有限公司
发行 新华书店北京发行所
印次 2009年9月第1版1次
开本 787mm×1092mm 1/16
印张 7.5
彩页 48
字数 290千字
定价 48.00元

《生态恢复关键技术研究》

参加编著人员

李　建　王进亮　李怀全　罗桂芝

王占恒　崔　飞　金竹漪　高金友

郝效伟　李义民　陈占民

序

党的十七大把“建设生态文明”“加强荒漠化石漠化治理，促进生态修复”提高到国家发展战略的高度，这是贯彻落实科学发展观的内在要求，是统筹人与自然和谐发展的重要途径。门头沟区委、区政府以党的十七大报告为指导，积极落实生态涵养发展区的功能定位，对影响环境的资源开采企业进行了清理整顿，关闭了全区264家乡镇煤矿、134个非煤矿山、39家砂石企业和28家石灰窑。全区规划生态修复面积2.3万亩，已完成1.1万亩，地区生态环境明显改观。这是门头沟区委，区政府贯彻党的十七大精神，改善全区生态环境，提高人民居住和生活质量的一次大刀阔斧的、具有里程碑意义的行动，值得赞赏和钦佩。

在实践过程中，北京市门头沟区林业局对生态修复的关键性技术进行了专题研究，重点对砂石坑、采石场、灰窑、煤矿废弃地、边坡等五大类型实施了生态修复试验工程，运用了格宾网、鑫三角生态袋、护坡连锁砖、土工格室、高磷酸生态肥、生态笼砖、碎石边坡、防渗沙、渗水膜、营养容器、防寒涂层、植物栽培等多种技术，收到了很好的效果。

通过废弃矿山生态修复工程，使矿山开采造成的满目疮痍的山体重新披上了绿装；为退化生态系统的修复提供了技术支撑；为全区实现生态涵养与经济发展的良性互动，为当地的农村产业结构调整创造了条件，为农民解困和劳动力就业提供了机会；对于建设国家生态区、建设首都西部的生态屏障、建设京西果品基地具有十分重要的意义。

本书以北京市门头沟区生态恢复为例，收录了本区永定河森林公园、妙峰山废弃矿山、雁翅青白口石灰厂、潭柘寺镇鲁家滩利民采石场、王平镇东石古岩、斋堂镇吕家村滑槽煤矿、水担路边坡等生态修复示范工程，都是近年来他们探索实践生态恢复工程关键性技术的具体体现。从本书所收入的许多图片，读者可以看出众多的石灰厂、采石场、煤矿的废弃场被治理和绿化美化，永定河森林公园美上加美。这些工程给人们带来了赏心悦目的舒适感和生活的安全感。这里充分体现出区领导和参与人员的辛勤付出，蕴含着多么细致而复杂的设计和施工，领略到比较高新的科学技术含量。我希望通过本书对各类废弃地的成熟修复技术的介绍，为北京乃至全国的生态修复工作起到一定的指导和示范作用。特此欣然提笔为序。

中国林业科学研究院首席科学家

中国科学院院士 蒋有绪

2009年5月13日

现场有倾倒的生活垃圾，数量较大、污染性大，应清运走。根据现场考察，由于运距和放量大、行车坡度陡，给施工造成了较大的难度。

（5）园路工程

与绿化作业交叉施工，而且长度较大，有一定的施工难度。

2.工程采用的主要技术措施

（1）格宾网技术

格宾网施工主要作为挡墙基础使用，利用高锌金属编制的网笼装填石块等填充物，网笼之间用高锌金属联接固定，利用高锌金属30年不锈蚀的特性，形成稳定的柔性整体结构，而且装填后的网笼具有透水性，能有效地防止侧滑和坍塌，装填后的网笼缝隙可生长植物，又形成了生态景观。

（2）生态袋技术

生态袋技术主要采取国内外广泛应用的专利技术——鑫三角GTX生态袋系统，其有两个主要部分组成，即鑫三角GTX生态袋和鑫三角连接扣。GTX生态袋是可以填充碎石、土壤、基质等多种土工材料、种植材料的无纺布袋，是美国军方研制的高分子或大分子有机聚合物，无污染、不降解、强度高、韧性好，可以为植物根系提供良好的生长空间。草、花、灌木等植物种子可以通过混播、喷播、插播、压播等4种方法加入袋中或袋表喷播，可迅速生长绿化植物，并根本起到固土的作用；标准扣是用于连接GTX生态袋的固定连接器，使交错码砌的生态袋之间形成稳定的三角结构，并通过整体材料的柔韧性形成自我修复的特性和稳定性。

（3）生态防渗沙技术

利用国家“十一五”计划推广的新型建筑防渗材料——软性防渗沙，在水底形成有效地防渗层，蓄积水源，在保证上层水体稳定的同时，可使水生植物根系生长穿过防渗沙在下层土壤扎根，使整个水体形成自然环保的生态体系。

（4）渗水膜技术

多沙砾、多石块土壤条件差的地段，在种植坑内铺单层微米级、线性小孔结构的新型渗水膜，具有渗水、保水、增温、调温、微通气、耐老化等功能，比普通地膜材料每亩节水100m^3以上，而且保证了植物根系的透气透水，防止积水烂根，有效地促进植物成活。

免发生更加严重的水土流失或灾害。

（二）主要工程量

1.机械平整场地，包括机械推土方、机械挖土方、机械运土方。

2.乔、灌、花卉的栽植，地被草的播种，苗木的养护管理。

3.道路铺装、水体建设、格宾网挡墙、生态袋挡墙的建设。

（三）建设指导思想

按照《门头沟区生态环境建设规划》的总体要求和区委、区政府生态涵养发展定位的要求，通过永定镇砂石坑集中的绿化治理，建设、环保、休闲、旅游、集散于一体的景观生态林，并与本地区前期生态建设工程相衔接融合，改善区域的投资建设环境，通过生态建设带动经济发展，初步建立首都西部生态环境保护屏障，与全区的生态修复实施计划相协调，符合首都对门头沟区生态涵养发展的区域功能定位。

（四）工程特点、难点及主要技术

本工程位于首都城区10km左右、门头沟区门户，是对外树立全区优美形象的重要工程，从环境治理上讲，一方面修复了过度开采废弃沙石坑的生态环境，另一方面消除了京城西部一大扬沙扬尘污染源，建设了以生态建设为主题的郊野旅游景观。因此我们充分认识到此工程的重要意义，精心组织施工，为首都环境建设付出最大的努力。

1.工程的施工难点

（1）土方工程

本工程土方工程较大，包括机械推土方300余万m^3、回填客土$50\times10^4m^3$左右，现场地形高低起伏、土丘、堆土、大石块和建筑垃圾较多，而且大于45°的陡坡多、落差达40余m，需放坡处理，这些都给机械施工造成了一定难度。

（2）绿化种植工程

立地土壤条件差，乔木种植、灌木的种植、花木的种植、草坪的建植和养护，一应俱全，数量较大。工程部分种植为夏季反季节施工，必须做好相应准备和措施。

（3）绿化养护工程

本工程保修保活期为三年，需作一级养护管理。

（4）清运工程

位，永定镇范围内砂石坑的生态治理迫在眉捷。

本项目本着抑制沙源的目的和创建绿色北京的原则，按照生态涵养发展的思路进行规划治理，治理内容主要包括造林绿化、小型湿地景观设计和水利配套设施设计三个部分，通过本项目的实施，不仅可以改善当地居民的生活环境，减少水土流失，还可以抑制当地主要的扬沙尘来源，促进社会的和谐稳定发展。项目区基本情况如下：

1.地理位置

项目区位于北京市门头沟区永定镇永定河右堤外，中门寺沟以南，108国道以北，南北长5.3km，东西宽1.7km的范围内。永定河右堤外的砂石坑与西河岔砂石坑几乎连成环状（平均宽度约500m），占地2850亩①，治理面积为190hm²。

2.地形与地势

项目区由多个面积不同、地势不同的砂石坑组成，地形破碎多样，地势起伏较大，有平坦的砂地，也有突起的小丘，高差大小不一，最大高差达40m左右。

3.气候

项目区属温带东岸大陆性气候——华北类型。其特点是冬季寒冷、干燥、多风，秋季凉爽湿润，多年平均气温11.7℃，气候因地形的变化较大，平原与山区相差10天左右，阴坡与阳坡相差5天左右。流域内以西北、北风为主，多年平均风速2.7m/s，极端最大风速可达24m/s，一般每年出现3～7次7～8级大风，且多发生在4～7月份。该区也是降雨较多的地区之一，且多以暴雨形式出现，具有历时短，强度大的特点，暴雨时常伴有大风、冰雹天气。

4.植被

由于本流域海拔较低，阴阳坡气候差异不大，土壤干旱贫瘠，因此植被类型极少。灌木以荆条、蚂蚱腿子为主，草本以白草、蒿子为主。

5.土壤

项目区内土壤贫瘠，以砂石砾为主。

6.水土流失情况

项目区为人工开挖的砂石坑，土层结构严重破坏，土壤贫瘠，植被覆盖率低。因为项目区多风、多雨，因此水土流失极其严重，亟待采取适当措施进行治理整顿，以

注①：1亩≈666.7m²

永定河森林公园生态修复工程

一、综合说明

（一）工程概况

永定河是北京的重要水系，它是全市“五河十路”绿色生态屏障建设的主要内容之一，其沿岸是北京市五大风沙危害区之一。永定河沙尘的一个主要来源是裸露的河床及沿岸砂石料的开采形成的地表松散裸露的砂石坑，永定河地区的治理绿化一直是北京市生态环境建设的重要内容。

永定河森林公园生态修复工程，地处门头沟区永定镇与石景山、丰台区交界处，紧临108国道，是通往潭柘寺等北京历史文化景区最快捷的必经之路，它位于永定河西堤外及西河岔的原河道，有丰富的砂石资源，砂石层平均厚20～40m。自20世纪80年代以来，随着北京市及永定镇城镇建设的发展，开始了大规模的砂石开采，在永定镇先后开工33个砂石料厂，有集体的、个人的以及联营的，就业人数达到了3500人。因此砂石开采便成为当地的支柱产业，年产值达5000多万元，创利税2000万元。多年的开采使砂石坑的面积越来越大，也越来越深，裸露的砂石成为当地扬沙扬尘的主要来源。由于该地位于京城西部，大风扬尘影响着当地及周边甚至首都的空气质量。根据北京市生态环境治理规划、绿化奥运行动计划、门头沟的生态定位以及建设门头沟区新南城的要求，从2000年起，门头沟区已分期分批关闭了全部33个砂石料开采企业，但由于种种原因，裸露的砂石坑一直没有得到治理。按照门头沟区生态涵养发展的定

目录 CONTENTS

（5）**预制容器措施**

利用不同规格的预制容器，加装各种土壤种植基质栽种植物，使植物在容器内良好的生长，并形成丰富根系的土坨，以便在夏、秋反季节栽植时种植，并保证植物的成活和较好的植株形态。

（6）**聚水保技术**

在土壤条件差的地段，绿化种植过程中我们施用“聚水保”，它采用了先进的美国技术，是一种无毒、无污染具有超强吸水、保水能力的高分子聚合物，在土壤中形成一个“微型水库”，旱时释放水、涝时吸附水，并能快速吸收雨水保存，缓慢释放，防止蒸腾、渗漏水，保证植物正常生长。

（7）**核能素技术**

利用美国花力通公司生产的“核能素”，在大树移植、裸根种植时灌淋根部，由于核能素由天然植物精华素制成、并含有快速生根和抗病毒因子，浇灌树木后，树木根、杆、叶迅速变绿，长势健壮，生长快速，增强抗逆性，有效地提高栽植成活率。

在大沙坑治理过程中，通过营造大面积景观生态林，彻底改变大沙坑的整体面貌。做到针阔混交，乔灌结合，一次成绿，实现精心规划设计、精心施工、优质苗木，创建精品工程。通过大沙坑生态修复工程的实施，使之成为北京最大的郊野游园，是集休闲、观光、娱乐、避暑、纳凉为一体的空气清新、环境优美、生态良好、人与自然和谐的绿色生态休息场所。大沙坑的绿化，将有效改善大环境沙尘污染，起到“净化空气，防风降尘，涵养水源”的作用，对改善沙坑周边地区居民的生活质量、建设京西生态屏障和发展京西生态旅游有十分重要的意义。

二、具体实施方案

（一）土方工程施工方法与技术措施

1.研究和审查图纸

检查图纸和资料是否齐全，核对平面尺寸和标高，图纸相互间有无错误和矛盾；掌握设计内容及各项技术要求，了解工程规模、特点、工程量和质量要求，熟悉土层地质、水文勘察资料；会审图纸，搞清建设场地范围与周围地下管线的关系，图纸相互间有无错误和冲突；研究好开挖和回填程序，明确各专业工序间的配合关系及施工工期要求；向参加施工的人员层层进行技术交底。

2.勘察施工现场

摸清工程场地情况，收集施工需要的各项资料，包括施工场地地形、地貌、地质水文、河流、气象、运输道路、植被、临近建筑物地下基础设施、管线、电缆基坑、防空洞、地面上施工范围内的障碍物和堆积物状况，供水、供电、通讯情况，防洪排水系统等等，为施工规划和准备提供可靠的资料和数据。

3.编制施工方案

研究制定现场场地平整、土方开挖施工方案；绘制施工总平面图和土方开挖图，确定开挖路线、顺序、范围、底板标高、边坡坡度、排水沟水平位置，以及挖去的土方堆放地点；提出需用施工机具、劳力、推广新技术计划；深开挖还应提出支护、边坡保护和排水方案。

4.平整施工场地

按设计或施工要求、范围和标高平整场地，将土方弃到规定弃土区；对有利用价值的表土进行剥离和保存处理；凡在施工区域内，影响工程质量的软弱土层、淤泥、腐殖土、大卵石、孤石、垃圾、树根、草皮以及不宜做回填土的稻田湿土、冻土等应根据不同情况采取全部挖除或设排水沟疏干。

5.清除现场障碍物

将施工区域内所有障碍物，如高压电线、电杆、塔架、地上和地下管道、电缆、沟渠以及旧有房屋等进行拆除或进行搬迁、改建；对附近原有建筑物、电杆、塔架树木等采取有效地防护加固措施，可利用的建筑物应充分利用。

6.做好排水设施

在施工区域内设置临时性或永久性排水沟，将地面水排走或排到低洼处，再用水泵排走，或疏通原有排水系统。排水沟纵向坡度一般不小于2%，使场地不积水。

7.设置测量控制网

根据给定的国家永久性控制坐标和水准点，按施工总平面要求，引测到现场。在工程施工区域设置测量控制网，包括控制基线、轴线和水平基准点；做好轴线控制的测量和校核。控制网要避开建筑物、构筑物、土方机械操作和运输线路，并有保护标志。场地平整应设10m × 10m或20m × 20m方格网，在各方格网上做控制桩，并测出各标桩的自然地形标高，作为计算挖、填土方量和施工控制的依据。对建筑物应做定位轴线的控制测量和校核。灰线、标高、轴线进行复核无误后方可进行场地整平和开挖。

8.修建临时设施和道路

根据土方和基础工程规模、工期长短、施工力量安排等修建简易的临时性生产和生活设施，同时敷设现场供水、供电、供压缩空气管线路，并进行试水、试电、试气。修建施工场地内机械运行的道路，主要临时运输道路宜结合永久性道路的布置修筑。道路的坡度、转弯半径应符合安全要求，两侧做排水沟。

9.准备机具、物资及人员

做好设备调配，对进场挖土、运输车辆及各种辅助设备进行维修检查，试运转，并运至使用地点就位；准备好施工用料及工程用料，按施工平面图要求堆放。组织并配备土方工程施工所需各专业技术人员、管理人员和技术工人；组织安排好作业班次；制定较完善的技术岗位责任制和技术、质量、安全、管理网络，建立技术责任制和质量保证体系。

10.施工整地措施

（1）**全面整地**

本项目实施的全面整地主要指对砂石坑范围内因势造型的机械平整，以有利于施工生产作业和植物的成活，不需整齐划一的整地。

砂坑底深浅不一，最深的可达50m，其中30m以上的深坑就有上百个，平均坑深为30m。坑底极不平整，高差3～10m，平均5m，两侧多位于陡峭崖壁，近邻村庄及建筑物，无法放坡，且砂石裸露，土壤瘠薄，造林非常困难。因此，本着地势大体平整的原则，顺坡就势，稍平坦的地方整成丘陵状，山丘根据具体情况可以稍做平整，也可以保留原状，陡坡地段采用多种堆砌护坡施工。由于整理地形复杂，施工难度大，为确保施工进度和质量需大量动用施工机械，其中机械推土方$366 \times 10^4 m^3$，客土回填$52 \times 10^4 m^3$，计划动用大型挖掘机、推土机18300台班，大型施工运输机械15000台班。

（2）**局部整地**

由于砂石坑地势变化多样，本着少动土方、随坡就势的原则，根据砂石坑不同的地势情况，在不能整成平地的山丘上翻垦成带状或块状。这种作业方式一方面能够保证便于植物前期的浇灌，同时也能够减少土地整治工作量，并且还能小范围改善植物生长的土壤条件。

①卧龙岗砂石坑：总面积1200亩。东侧土壤较丰富，主要以向西削坡为主，形成缓坡地带，削坡动土石方量$90 \times 10^4 m^3$，可回填到西侧沙坑作为种植土，白庄子朝向108国道地段裸露崖壁20m高，紧邻村庄无法削坡，堆砌格宾网（1层）、生态袋（1层）和植生袋（2层）呈梯田护坡。喷播植物种子建成绿色植物景墙。西侧主要为沙石坑，以整地回填土方为主，两侧陡坡以削坡为主，削坡动土石方量$75 \times 10^4 m^3$，白庄子西侧崖壁平均高度30m，堆砌砌格宾网（1层）、生态袋（2层）和植生袋（3层）呈梯田护坡。

②贵石砂坑：总面积350亩。坑深40m，西侧以护坡加固为主，利用砌格宾网（2层）、生态袋（2层）和植生袋（3层）堆砌护坡。东侧以削坡为主，削坡后坡度小于30°，动用土石方量$160 \times 10^4 m^3$。

③侯庄子砂坑：总面积300亩。地势比较平坦，利用机械整地形成有起伏的地形，动土石方量$12 \times 10^4 m^3$。低洼处可建设沙坑排水，总体以客土回填为主。

④东辛称砂坑：总面积500亩。东西两侧均为30～50m陡峭崖壁。离村庄建筑较近，不能采用削坡施工，只能采用堆土护坡为主，形成较缓的坡面。利用砌格宾网（2层）、生态袋（2层）和植生袋（3层）堆砌护坡。坑底采用推土整地为主，形成自然起伏的地形。动土石方量$17 \times 10^4 m^3$。喷播面积$7.2 \times 10^4 m^2$。在低洼处预留几处湿地面积约$0.6 \times 10^4 m^2$，作为蓄积水源及雨洪蓄水利用。

⑤卫星队砂坑：总面积500亩。东西两侧均为40～50m陡峭崖壁。离村庄建筑较近，不能采用削坡施工，主要采用堆土护坡为主，形成较缓的坡面。利用土工格室喷播各类根系发达的植物种子，在较短时间内稳定坡面。坑底采用推土整地为主，形成自然起伏的地形。动土石方量$12 \times 10^4 m^3$。喷播面积$7.5 \times 10^4 m^2$。在低洼处预留几处湿地面积约$0.6 \times 10^4 m^2$，作为蓄积水源及雨洪蓄水利用。

（3）**造林绿化整地**

总体施工客土平均厚度0.3m左右种植土，大型苗木以种植穴换土为主，对栽植苗木的部位采取局部穴状整地，穴状整地的规格根据所用苗木和土球的规格来定。

（二）绿化工程

1.整理绿化地

在机械整理土地工作完成后，进行人工整理绿化地的工作，主要是用锹、耙平整土地，达到绿化条件。

2.苗木选用原则

树种选择的基本原则包括以下七个方面：

（1）坚持造林地立地条件与树种的生物学和生态学特性的一致性，做到适地适树。

（2）根据造林目的选择树种。

（3）因地制宜确定针叶树种和阔叶树种、乔木和灌木、花草的合理比例，选择多树种造林，防止树种单一化。

（4）充分利用优良乡土树种，积极推广引进取得成效的优良树种。

（5）选择具有较好的稳定性、抗病虫害能力强的树种。

（6）选择一些彩叶树种，形成色彩的良好搭配，营造景观效果。

（7）为了尽快达到效果，合理采用大规格苗木进行造林绿化。

防护林树种应根据砂石坑的实际情况，选择具有生长快、防护性能好、抗逆性强、生长稳定等优良性状的树种。乔木树种中针叶树选择华山松、白皮松、油松、侧柏等；阔叶树种选择银杏、栾树、山桃、杜仲、千头椿、刺槐、国槐、元宝枫、毛白杨、垂柳等。灌木选择沙地柏、连翘、丁香、金银木、沙棘、紫穗槐、黄栌等。另外再撒播部分草种，在水源不充足的地方撒播抗旱草种如沙打旺、苜蓿、二月兰、胡枝子、甘野菊等，但是大部分还是依靠乡土草种自然生长。

3.苗木质量要求

（1）常绿乔木

植株必须根系发达，生长茁壮，无病虫害；株形丰满，主要枝条完整，植株表皮无人为损伤的痕迹，土球规格必须符合规范要求，不能出现散坨现象，包装符合《城市绿化和园林绿地用植物科——木本苗》CJ/34的规定。

（2）落叶乔木

植株应根系完整，须根发达，反季节施工必须带坨，树形完整，无病虫害，对有明显主干的乔木，应保持其原有树形对其侧枝进行适当短截，对无明显主干枝条的乔木（如碧桃、山桃等），应在保留主要枝条以确保原有树形的前提下，适当疏枝。

（3）**花灌**

根系发达，叶簇健壮、花芽饱满、无病虫害；丛生灌木分枝在5枝以上，绿篱材料，植株丰满，无脱脚现象。

（4）**宿根花卉**

根茎茁壮，无损伤，幼芽饱满，无腐烂变质，一、二年花卉，株高10～40cm，冠径为15～35cm，分枝不少于3～4个，叶簇健壮，色泽明亮。

（5）**地被草种**

应从正规厂家购买，保证新种和出芽率。

4.人工换土种植

由于本工程的种植土普遍仅为30cm厚，种植大树时土层不够，因此要将个别种植大树的地方进行换土。

（1）**种植土壤处理**

本工程植物生产所必须的最低种植土层厚度应符合下表规定：

单位／cm

植被类型	草坪地被	小灌木	大灌木	浅根乔木	深根乔木
厚　度	20	30	40	60	80

对草坪花卉种植地、播种地应翻耕25～30cm，搂平耕细去除杂物，施足基肥，平整和坡度应符合设计要求。

（2）**种植穴、槽的挖掘**

种植穴定点时应标明中心点位置，种植槽应标明边线定点标志、标明树种名称、规程。穴、槽的规格，应视土质情况和树木根系大小而定。一般规定：树穴直径和深度，应较根系和土球直径加大15～20cm，深度加10～15cm。树槽：宽度应在土球外两侧各加10cm，深度加10～15cm，如遇土质不好，需进行客土或采取施肥措施的应适当加大穴槽规格，在渣石多的地块，适当利用渗水膜衬在穴内防止水土流失，注意渗水膜不要封严穴壁，以防积水烂根。

挖种植穴槽应垂直下挖，穴槽壁要平滑，上下口径大小要一致，挖出的表土和底土、好土、坏土分别置放。底部应留一土堆或一层活土。在新垫土方地区挖树穴槽，应将穴槽底部踏实。挖植树穴槽时遇障碍物，如市政设施、电讯、电缆等应先停止操作，请示有关部门解决。

（3）**苗木起挖、运输和假植**

苗木起挖：根据季节原因，大部分苗木要考虑栽植的季节性，须带土球起挖的苗木，起挖土球直径为苗木地径的10～12倍，灌木土球直径为冠幅的2/3。起挖时，保存好苗木的毛细根系，减少对苗木的人为损伤，带土球的苗木起出后，用草绳捆扎，裸根苗木起出后根系蘸泥浆，随挖随运，尽可能减少蒸腾作用对苗木的伤害。在苗木的装卸过程中，杜绝人为因素对苗木造成损伤。苗木运到现场后应及时栽植，苗木包装卸车时应轻吊轻放，不得损伤苗木和造成散球，起吊带土球。起吊小型苗木时，应用绳网兜土球吊起，不得用绳索捆绑根颈起吊。裸根苗木必须当天种植，裸根苗木自起苗开始，暴露时间不得超过8小时，当天不种植的苗木应进行假植。带土球小型花灌木运至施工现场后，紧密排码整齐，当日不能种植时应喷水保持土球湿润。

（4）**苗木种植前的修剪**

种植前应进行苗木根系修剪，宜将劈裂根、病虫根和过长根剪掉并对树冠进行修剪，保持地上地下平衡。

乔木类修剪：具有明显主干的高大落叶乔木应保持原有树形，适当疏枝，对保留的主侧枝应在健壮芽上短截，可剪去枝条1/5～1/3。

无明显主干、枝条茂盛的落叶乔木，对干径10cm以上树木，可疏枝保持原树形；对干径为5～10cm的苗木，可选留主干上的几个侧枝，保持原有树形进行短截。

枝条茂密具圆头型树冠的常绿乔木可适量疏枝。枝叶集生树干顶部的苗木可不修剪。具轮生侧枝的常绿乔木用作行道树时，可剪除基部2～3层轮生侧枝。

常绿针叶树，不宜修剪，只剪除病虫枝、枯死枝、生长衰弱枝、过密的轮生枝和下垂枝。

用作行道树的乔木，第一分枝点以下枝条应全部剪除，分枝点以上枝条酌情疏剪或短截，并应保持树冠原型。

灌木及藤蔓类修剪，带土球或湿润地区带宿土裸根苗木及上年花芽分化的开花灌木不宜作修剪，当有枯枝、病虫枝时应予剪除。

枝条茂密的大灌木，可适量疏枝。

对嫁接灌木，应将接口以下砧木萌生枝条剪除。

分枝明显、新枝生着花芽的小灌木，应顺其树势适当强剪，促生新枝，更新老枝。

用作模纹的乔灌木，可在种植后按设计要求整形修剪。苗圃培育成型的绿篱，种植后应加以整修。

攀缘类和蔓性苗木可剪除过长部分。攀缘上架苗木可剪除交错枝、横向枝。

剪口应平滑，不得劈裂。枝条短截时应留外芽，剪口应距留芽位置以上1cm。修剪直径2cm以上大枝及粗根时，截口必须削平并涂防腐剂（无毒油漆或薄膜）。

（5）**苗木种植**

首先提早种植裸根乔木和阔叶灌木，再种植较大常绿乔木、花卉植物和地被草坪。由于此工程种植量较大，主要苗木在春季完成种植，部分苗木可在雨季二次生根期种植。

①种植的质量应符合下列规定：

A.种植应按设计图纸要求核对苗木品种、规格及种植位置。

B.种植带土球树木时，不易腐烂的包装物必须拆除。

C.珍贵树种应采取树冠喷雾，树干保湿和树根喷布生根激素等措施（如华山松、乔松、黑松、白皮松等）。

D.种植时，根系必须舒展，填土应分层踏实，种植深度与原种线一致。

②树木种植应符合下列规定：

A.树木种植前，应先检查种植穴大小及深度，不符合根系要求时，应修整种植穴。

B.种植裸根树木时，应将种植穴底填土呈半圆土堆，填土至1／3时应提树干使根系舒展，并充分接触土壤，随即填土分层踏实。

C.绿篱成块种植或群植时，应由中心向外顺序退植。坡式种植时应由上向下种植。

③树木种植后浇水，支撑固定应符合下列规定：

A.种植后应在略大于种植穴直径的周围，筑成高10～15cm的灌水土堰，堰应踩实不得漏水。坡地可采用鱼鳞穴式种植。

B.新植树木应及时做好支撑工作，立支柱采取三支柱法，支撑牢固，支柱立于土堰以外，深埋20cm以上，将土夯实，支柱的方向均迎风。树木绑扎处应垫软物，严禁支柱与树干直接接触，以免磨坏树皮，支柱立好后树木必须保持直立，防止因浇水、刮风造成植株偏移、根系松动及树干损伤，在支撑好后当日浇透第一遍水，以后应根据当地气候情况及时补水，种植后浇水不少于三遍。

C.黏性土壤，宜适量浇水，根系不发达树种，浇水量宜较多，肉质根系树种，浇水量宜少。

D.干旱地区或遇干旱天气时，应增加浇水次数。于热风季节，应对新发芽放叶的树冠喷雾，宜在10:00前和15:00后栽植。

E.浇水时应防止因水流过急冲刷裸露根系或冲毁围堰，造成跑漏水。浇水后出现土壤沉陷，致使树木歪斜时，应及时扶正，培土。

F.浇水渗下后，应及时用围堰土封树穴，再筑堰时，不得损伤根系。

④草坪的建植：

本工程地被植物我们选择了较多的品种，增加植物群落的抗逆性：苜蓿、沙打旺、老芒麦、甘野菊、二月兰等。

草坪播种选择优良种籽，不得含有杂质，播种前应做发芽试验和催芽处理，确定合理的播种量。

播种时应先浇水浸地，保持土壤湿润，稍干后将表层土耙细耙平，进行撒播，均匀覆土0.30～0.50cm后轻压，然后喷水。

播种后应及时覆盖遮阳网防止水冲造成斑秃，喷水水点宜细密均匀，浸透土层8～10cm，除降雨天气，喷水不得间断。遮阳网至发芽时撤除。

5.反季节种植

为解决部分苗木在夏季非正常季节绿化施工中遇到的难点，可以从种植材料的选择、种植土壤的处理、苗木的运输和假植、种植穴和土球直径、种植前的修剪及种植等方面严格把关，从而尽可能提高种植成活率。

（1）**种植材料的选择**

由于非种植季节气候环境相对恶劣，对种植植物本身的要求就更高了，在选材上要尽可能的挑选长势旺盛、植株健壮的苗。种植材料应根系发达，生长茁壮，无病虫害，规格及形态应符合设计要求；大苗应做好断根、移栽措施；水生植物，根、茎发育应良好，植株健壮，无病虫害；种子饱满，发芽率高。

露地栽培花卉应符合下列规定：

①一、二年生花卉，株高应为10～40cm，冠径应为15～35cm。分枝不应少于3～4个，叶簇健壮，色泽明亮。

②宿根花卉，根系必须完整，无腐烂变质。

③球根花卉，根茎应茁壮、无损伤，幼芽饱满。

④观叶植物，叶色应鲜艳，叶簇丰满。

（2）**种植前土壤处理**

夏季的苗木种植土必须保证足够的厚度，保证土质肥沃疏松，透气性和排水性好。种植或播种前应对该地段的土壤采取相应的消毒、施肥和增加客土、施用聚水保、核能素等措施。

（3）**苗木的运输和假植**

大苗在夏季种植中，假植是很重要的，我们主要采取容器苗法。提前创造条件在休眠期断根，种植在容器中养护，如木箱、柳竹筐、花盆、营养桶。在生长季节，也就是施工时，根据容器情况，不脱离或脱容器栽植下地。其特点是：可靠性大，管理简单，可操作性强。

①大木箱囤苗法

针对大规格落叶乔木，按照施工计划及场地条件，在发芽前进苗。按施工规范要求规格打木箱，木箱规格根据落叶乔木土球直径放大40cm，按此规格制作矩形木箱，然后将树木植于箱中。选择场地开阔，无其他施工、交通方便的场地，按二列排行，预留巷道。及时灌水，疏枝1/4～1/5，植后木箱苗均正常展叶，在6～7月种植。

②柳筐囤苗

针对6～8cm的落叶乔木，如元宝枫、栾树、杜仲等；1.5～2m的落叶灌木等。于4月中旬进苗，植于60cm柳筐中，填土踩实，按三行排列及时灌水疏枝。柳筐苗均正常展叶、抽枝。条件具备后，带筐栽植，种植后去柳筐上部1/2。

③盆栽苗木

将小叶黄杨、卫矛、沙地柏、金叶女贞、红叶小檗等植于20cm花盆中。按5～6列排行，预留巷道。盆中基质用原床土加入适量肥料，进行正常的肥、水养护。条件具备时，去掉花盆，苗木土球不散，花盆可再利用。

④利用加厚无纺布缝制的一定规格的营养桶，加装各种土壤种植基质栽种植物，使植物在容器内良好的生长，并形成丰富根系的土坨，以便在夏、秋反季节栽植时种植，并保证植物的成活和较好的植株形态。

⑤大规格常绿乔木

针对大规格常绿乔木，如华山松、油松、桧柏等，采取大土坨麻包打包，早晚种植及一系列特殊措施。

措施一：夏季高温，容易失水，在苗木进场时间问题上，以早、晚为主，雨天加大施工量，在晴天的条件下，每天给新植树木喷水两次，时间适宜在9:00前、16:00后，保证植株的蒸腾所需的水分。

措施二：所有移植苗都经过了断根的损伤，即使在进入容器前进行修剪，原有树势已经削弱。为了恢复原来树势，扩大树上树冠，应对伤根恢复以及促根生长采取措施。施生根粉APT3号，浓度1000*ug*/g。施工后，在土坨周围用硬器打洞，洞深为土坨1/3，施后灌水。

措施三：搭建遮阳棚。用毛竹或钢管搭成井字架，在井字架上盖上遮阳网，必须注意网和栽植的树木要保持一定的距离，以便空气流通。

除了做好假植工作以外，苗木的运输也要合乎规范，在运输方面做到苗木运输量应根据种植量确定。苗木在装车前，先用草绳、麻布或草包将树干、树枝包好，同时对树身进行喷水，保持草绳、草包的湿润，这样可以减少在运输途中苗木自身水分的蒸腾量。苗木运到现场后应及时栽植。苗木在装卸车时应轻吊轻放，不得损伤苗木和造成散球。起吊带土球小型苗木时应用绳网兜土球吊起，不得用绳索缚捆根颈起吊。重量超过1t的大型土球应在土球外部套钢丝缆起吊。土球苗木装车时，应按车辆行驶方向，将土球向前，树冠向后码放整齐。裸根乔木长途运输时，应覆盖并保持根系湿润。装车时应顺序码放整齐；装车后应将树干捆牢，并应加垫层防止磨损树干。花灌木运输时可直立装车。

裸根苗木必须当天种植。裸树苗木自起苗开始暴露时间不宜超过8小时。当天不能种植的苗木应进行假植。带土球小型花灌木运至施工现场后，应紧密排码整齐，当日不能种植时，应喷水保持土球湿润。

(4) **种植穴和土球直径**

在非正常季节种植苗木时，土球大小以及种植穴尺寸必须要达到并尽可能超过标准的要求。

对含有建筑垃圾，有害物质均必须放大树穴，清除废土换上种植土，并及时填好回填土。在土层干燥地区应于种植前浸穴。挖穴槽后，应施入腐熟的有机肥作为基肥。

(5) **种植前修剪**

非正常季节的苗木种植前修剪应加大修剪量，减少叶面呼吸和蒸腾作用。修剪方法及修剪量如下：

①种植前应进行苗木根系修剪，宜将劈裂根、病虫根、过长根剪除，并对树冠进行修剪，保持地上地下平衡。

②落叶树可抽稀后进行强截，多留生长枝和萌生的强枝，修剪量可达6/10～9/10。常绿阔叶树，采取收缩树冠的方法，截去外围的枝条适当疏稀树冠内部不必要的弱枝，多留强的萌生枝，修剪量可达1/3～5/3。针叶树以疏枝为主，修剪量可达1/5～2/5。

③对易挥发芳香油和树脂的针叶树应在移植前一周进行修剪，凡10cm以上的大伤口应光滑平整，经消毒，并涂保护剂。

④珍贵树种的树冠宜作少量疏剪。

⑤灌木及藤蔓类修剪应做到：

A.带土球或湿润地区带宿土裸根苗木及上年花芽分化的开花灌木不宜作修剪，当有枯枝、病虫枝时应予剪除。

B.对嫁接灌木，应将接口以下砧木萌生枝条剪除。

C.分枝明显、新枝着生花芽的小灌木，应顺其树势适当强剪，促生新枝，更新老枝。

另外，对于苗木修剪的质量也应做到剪口应平滑，不得劈裂。枝条短截时应留外芽，剪口应距留芽位置1cm以上；修剪直径在2cm以上大枝及粗根时，截口必须削平并涂防腐剂。

(6) **苗木种植**

落叶乔木在非种植季节种植时，应根据不同情况，对苗木进行强修剪，剪除部分侧枝，保留的侧枝也应疏剪或短截，并应保留原树冠的1/3，相应的加大土球体积。可摘叶的应摘去部分叶片，但不得伤害幼芽。搭栅遮荫、树冠喷雾、树干保湿，保持空气湿润。作堰后应及时支撑浇透水，待水渗完后覆土，第二天再作堰浇水，封土，浇透三次水后可视泥土干燥情况及时补水。对排水不良的种植穴，可在穴底铺10～15cm砂砾或铺设渗水管、盲沟，以利排水。

对新发芽放叶的树冠喷雾，宜在10∶00前和15∶00后栽植。

大树的支撑宜用扁担桩十字架和三角撑，低矮树可用扁担桩，高大树木可用三角撑，也可用金字塔形架来支撑。扁担桩的竖桩不得小于2.3m，桩位应在根系和土球范围外，水平桩离地1.0m以上，两水平桩十字交叉位置应在树干的上风方向，扎缚处应垫软物。

三角撑宜在树干高2/3处结扎，用毛竹或钢丝绳固定，三角撑的一根撑干（绳）必须在主风向上位，其他两根可均匀分布。

发现土面下沉时，必须及时升高扎缚部位，以免吊桩。

6.养护管理

安排养护工作人员全年进行养护管理，绿化、养护管理工作需要一年四季不间断地进行。其内容有：浇水排水、施肥、中耕除草、整形与修剪、病虫害防治、防寒等。

(1) **浇水排水**

新栽苗木由于蒸腾量大，为了保持地上地下水分平衡，促其生根，必须经常浇水，使土壤处于湿润状态。在天气干旱时，还须向树冠和枝干进行喷水。特别是根据植物生长需要，在不同的时间浇灌保活水、生长水、冻水，以保证植株正常的生长需要。对新栽苗木，应在4、5、6、9、10和11月对新植苗木进行至少每月1～2次浇水。如给植株施肥，施肥后应立即浇水，促使肥料渗透至土壤内成水溶液状态为根系吸收，同时使肥料浓度降低而不致烧根。

冬季在封冻前浇一次冻水。另外每年的7月和8月份，排水主要集中在这一季节。当绿地出现积水时，应及时排水。

（2）**施肥**

由于花卉苗木的生长需求，需要不断地补充养分，给苗木施肥可以有效地解决苗木养分不足的问题。氮肥应在春季发芽，生长旺盛之际施入；花芽分化时期应多施磷肥；秋季应加施磷肥、钾肥，停施氮肥。施肥之后要立即浇水。一般施肥随下雨或浇水时进行。以下是基肥用量表：

基肥用量表

土球直径（cm）	10	20	30	40	50	60	70	80	90	100	110	120
基肥用量（kg）	10	20	30	50	65	80	90	100	150	180	220	250

草坪基肥宜控制在10kg/m²

（3）**中耕除草**

中耕除草以利于根系生长。杂草消耗大量的水分和养分，影响植物生长，同时传播各种病虫害。对绿地内的杂草要经常灭除。除草本着“除早、除小、除了”的原则。春夏季要除草2～3次，切勿让杂草结籽。除草经常结合中耕进行。也可用除草剂进行灭草。中耕除草应在晴天进行。

（4）**整形与修剪**

树木的整形修剪可常年进行，如抹芽、摘心、除蘖、剪枝等，但大规模的整形修剪在休眠期进行为好，以免伤流过多，影响树势。剥芽修改树木萌发后，树干树枝上会萌发出许多芽、幼枝，影响树冠形状，并消耗大量的养分，必须把这些萌蘖芽、幼枝及时除掉。

树枝丛生分叉影响树冠的长高、长大。特别是花灌木的修剪更为必要，要控制好修剪长度，使整体树形、大小一致。以美化株形、高整平衡、增加长枝、提高栽植成活率。

修剪树木的工具必须锋利，使剪口平滑，剪口边缘应尽量靠近干节，否则会使枝上留下死结。但也不能太深，太深常会在树干形成树孔，应以剪口切面与树干保持平行并接近在同一平面上为好。大的树枝锯去后，要在剪口上涂抹油漆或防腐剂。

（5）**病虫害防治**

绿化植物在生长过程中，经常遭到各种病虫危害，影响植株的正常生长和观赏效果。我们组织专人定期经常察看树木外表和生长情况，及时发现疫情，诊断病因，尽早处理。可用百菌清、代森锰锌每月一次至10月中旬，在6～9月的高温季节用粉锈宁每半月一次，锌硫磷、呋喃丹交错使用每月一次，用来杀死地下害虫等。对于松梢螟应及时剪除病植焚烧，本地区华山松、油松、白皮松易发生介壳病害，可用敌杀死扑灭。在6～8月对于千头椿等蛀干害虫，可用敌敌畏、锌硫磷涂于树干表皮，再用塑料薄膜缠紧，起到熏蒸、触杀扑灭的作用。

(6) **防寒**

采取加强栽培管理，增强植株的抗寒能力。

早春及时浇水，降低土温，推迟植株的活动期，使植株免受冻害。用稻草或草绳将树干包裹起来，涂白、搭风障。

（三）土建工程（土建部分主要施工方法与技术措施）

整个林带内设置贯穿整体的二级道路体系，以便施工和后期养护作业，并穿插人行小路，为观光游览提供必要的市政基础，在布局上遵循曲径通幽、步移景异的原则，在离居住区和村庄较近的位置适当建设休闲广场，供人们休憩、活动，主要铺装材料采用本地的石板等，体现与自然融合建设原则。

1.园路工程施工

(1) **现场准备工作**

开工前施工现场准备工作要迅速做好，以利工程有秩序的按计划进行。所以现场准备工作的快慢，会直接影响工程质量和施工进展。现场开工前将以下几点主要工作做好：

①修建房屋（临时工棚）。按施工计划确定修缮房屋数量或工棚的建筑面积。

②在园路工程涉及的范围内，凡是影响施工进行的地上、地下物均应在开工前得以清理，对于保留的大树应确定保护措施。

③便道便桥。凡施工路线，均应在路面工程开工前做好维持通车的便道便桥和施工车辆通行的便桥。

④备料。现场备料多指自采材料的组织运输和收料堆放，但外购材料的调运和贮存工作也不能忽视。一般开工前材料进场应在70%以上。若有运输能力，运输道路畅

通，在不影响施工条件下可随用随运。自采材料的备置堆放，应根据路面结构、施工方法和材料性质而定。

（2）**施工放线**

在进行施工测量的过程中应注意编制测量用表及中线交点（JD）及转角点（ZD）栓桩记录示意图。

（3）**修筑路槽**

在修建各种路面之前，应在要修建的路面下先修筑铺路面用的浅槽，经碾压后使路面更加稳定坚实。

一般路槽有挖槽式、培槽式和半挖半培式三种，修筑时可由机械或人工进行。

1）**挖槽式**

①机械施工

Ⅰ.平地机开挖土路槽

A.程序

测量放线→放平桩→开挖→整修→碾压

B.操作工艺

a.测量放样。路槽开挖前，应沿道路中心线测定路线边缘位置和开挖深度，按间距20～50m钉入小木桩，用麻绳挂线撒石灰放出纵向边线，再将小木桩移到路槽两侧一定距离处，以利机械操作。

b.放平桩。沿边线每隔5～10m在路肩部位挖一个50～100cm宽的横槽，槽底深度即为路槽槽底标高。考虑到路槽土开挖后压实可能下沉，故开挖深度应较设计规定深度有所减少。

c.开挖。先将平地机的铲刀水平旋转到适当的位置，然后往返将路槽土铲切，并推移到路肩上。堆弃的土可用于整个路肩或运走。

d.整修。路槽挖出后，用路拱板进行检查，然后经人工整修，适当铲平和培填至符合要求为止。

e.碾压。路槽经整修后，用10～12t压路机碾压，直线路段由路边逐渐移向中心，曲线路段由弯道内侧向外侧进行，以便随时掌握质量。

Ⅱ.松土机与推土机联合开挖树槽

A.施工程序与平地机施工同

B.操作工艺

a.测量放样、放平桩、整修和碾压与平地机施工同。

b.开挖。

②人工施工

Ⅰ.施工程序

人工开挖路槽的施工程序，与机械施工基本相同。

Ⅱ.操作工艺

A.测量放样。操作工艺与机械施工相同，只是小木桩可不必移到路槽以外。

B.放平桩。

C.整修与碾压。操作与机械施工相同。

2）培槽式

①施工程序

测量放样→培肩→碾压→恢复边线→清槽→整修→碾压

②操作工艺

Ⅰ.测量放样。路槽培肩前，沿道路中心线测定路槽边缘位置和赔垫高度，按间距20～25m钉入小木桩，用麻绳挂线撒石灰放出纵向边线。

Ⅱ.培肩。根据所放的边线先将培肩部位的草和杂务清除掉，然后用机械或人工进行培肩。培肩宽度应伸入槽内15～30cm，每层虚厚以不大于30cm为宜。

Ⅲ.碾压。路肩培好后，用履带拖拉机往返压实。

Ⅳ.恢复边线。操作工艺与测量放线基本相同，将路槽边线基本恢复。

Ⅴ.清槽。根据恢复的边线，按挖槽式工艺，用机械或人工将培肩时多余部分的土清除，经整修后，用压路机对路槽进行碾压。

3）半挖半培式

半挖半培式工程和操作工艺与挖槽式基本相同。

4）雨季施工

①雨前预防

Ⅰ.安排计划应集中力量，采取分段集中方法，在雨前作到碾压坚实。

Ⅱ.为了防止施工期间路槽积水，每隔6～10m在路肩处挖一道横沟，以便排水，逐层铺筑路面，逐层压实。

Ⅲ.挖方路段应注意疏通边沟，以利路槽积水能够过横沟排除。

②雨后措施

Ⅰ.随时疏通横沟、边沟，保证排水良好。

Ⅱ.如路槽因雨造成翻浆时，要立即挖除或用石灰土、砂石等进行处理。

Ⅲ.处理翻浆应分段进行，切忌全线挖开。

Ⅳ.挖翻浆应彻底，全部挖除软泥。小片翻浆相距较近时，进行一次挖通处理。

Ⅴ.路槽在雨后严格断绝交通，施工人员也不能乱踩，以免扩大破坏范围。

(4) 基层施工

1) 干结碎石

①材料

碎石最大粒径视厚而定，一般不超过厚度的0.7倍，50mm以上的大粒料约占70%～80%，0.5～20mm粒料约占5%～15%，其余为中等粒料。

②准备工作

Ⅰ.清理路槽内浮土杂务，对于出现的个别坑槽要予以处理。

Ⅱ.补钉沿线边桩、中桩，以便随时检查标高、宽度、路拱。

Ⅲ.在备料中，注意材料的质量，大小料要分别整齐堆放在路外料场上或路肩上。

③施工

Ⅰ.施工程序

摊铺碎石→稳压→撒填充料→压实→铺撒嵌缝料→碾压

Ⅱ.操作工艺

A.摊铺碎石。使用平地机摊铺，需要根据厚度每30～50m左右作成一个标准断面宽1～2m，撒上石灰粉，汽车即可按每车铺料的面积进行卸料。然后用平地机将料摊开、刮平。

B.稳压。先用10～12t压路机碾压，速度宜慢，每分钟约为25～30m，先沿整修过的路肩一齐碾压，往返两次，即开始路面边缘压至中心。

C.撒填充料。将粗砂或灰土均匀撒在碎石层上，并扫入碎石缝内，然后用洒水车或喷壶均匀洒一次水。

D.压实。用10～12t压路机继续碾压，速度稍快，每分钟约60～70m。

E.铺撒嵌缝料。大块碎石压实后，立即用10～21t压路机进行碾压。

F.碾压。嵌缝料扫匀后，立即用10～12t压路机进行碾压，一般2～3遍。

2）**石灰土**

①材料

Ⅰ.土

土的塑性指数愈高，灰土的强度也愈高，因此应尽量采用黏性土，但塑性指数也不宜大于20。

土中的盐分及腐植物质对石灰有不良影响，对于硫酸含量超过0.8%，或腐殖质含量超过10%的土类，均事先通过实验，土中不得含有树根杂草等物。

Ⅱ.石灰

石灰质量应符合标准。尽量缩短石灰存放时间，最好在出厂3个月内使用。

石灰土的石灰剂量是按熟石灰占混合料总干重的百分比计算。石灰剂量的大小应根据结构层所在位置要求的强度、水稳性、冰冻稳性和土质、石灰质量、气候及水文条件等因素。

Ⅲ.水

一般露天水源及地下水源均可用于石灰土施工。

Ⅳ.混合料的最佳含水量和最大密实度

石灰土混合料的最佳含水量及最大密实度，随土质及石灰的剂量不同而不同。最大干重随着石灰剂量的增加而减少，而最佳含水量随着石灰剂量增加而增加。

②准备工作

Ⅰ.备土

备土按照要求的质量和数量，整齐堆放在路肩或辅道上，以不影响施工为原则。

Ⅱ.备灰

石灰应在施工前备齐。备灰一般采用在路外选临近水源、地势较高的宽敞场地堆放，每堆间距以500m左右为宜。

Ⅲ.消解石灰

消解石灰应严格控制用水量。经消解的石灰应为粉状，含水量均匀一致，不应有残留的生石灰块。

Ⅳ.劳动组织与施工机具

根据施工方案确定的施工方法，在开工前，按施工顺序组织劳动力进场，并根据施工计划核查机具是否齐备，如有残缺，应及时补足和进行修理，以免影响工程进展。

③施工

④初期养护

如石灰土基层分层铺筑时，应于2日内将上层用的土摊铺完毕，以便利用作为下层的覆盖养护土。

常温季节施工的上层石灰土，应有不少于5～7天的养护期，并适当洒水保持石灰土湿，有一定的开裂后即可铺筑表面外层。

砂性土石灰土碾压完毕后，应加土覆盖，厚度为5～10cm之间，并适当洒水保持湿润。

⑤雨季施工

石灰要堆放在高处，以免被水浸泡。

已铺灰而未搅拌的石灰土，应及时翻拌1～2遍，同时略加碾压以免雨后造成施工的困难和损失。

在路肩应预先挖出排水沟，保证排水。

石灰土如遇雨发生翻浆和车辙等病害，应及时处理。

(5) **结合层施工**

一般用M7.5号水泥、白灰、混合砂浆或1：3白灰砂浆。也可用3～5cm的粗砂均匀摊铺而成。特殊的石材铺地，如整齐石块和条石块，结合层采用M10号水泥砂浆。

(6) **面层施工**

在完成的路面基层上，重新定点、放线，根据设计标高、路面宽度定放边桩、中桩，打好边线、中线。设置整体现浇路面边线处的施工挡板，确定砌块路面的砌块列数及拼装方式。

(7) **道牙、边条、槽块、台阶施工**

道牙基础宜与地床同时填挖碾压，以保证有整体的均匀密实度。结合层用1：3的白灰砂浆 2 cm。安道牙要平稳牢固，后用M10号水泥砂浆勾缝，道牙背后要用灰土夯实，其宽度为50cm，厚度为15cm，密实度为90%以上。

边条是用于较轻的荷载处，且尺寸较小，一般5cm宽，15～25cm高，特别适用于步行道、草地或铺砌场地的边界。施工时减轻它作为垂直阻拦物的效果，增加他对地基的密封深度。边条铺砌的深度相对于地面尽可能低一些，如广场铺地，边条铺砌可与铺地地面相平。槽块分凹面槽和空心槽块，一般仅靠道牙设置，以利于地面排水，路面应稍高于槽块。

台阶是解决地形变化、造园地坪高差的重要手段。建造台阶除了必须考虑在机能上及实质上的有关问题外，也要考虑美观与调和的因素。

2.建筑工程（挡墙、砌筑）

砌体工程所用的材料应有产品的合格证书、产品性能检测报告。块材、水泥、钢筋、外加剂等应有材料主要性能的进场复验报告。严禁使用国家明令淘汰的材料。

砌筑基础前，应校核放线尺寸，允许偏差应符合以下规定。

放线尺寸的允许偏差

长度L、宽度B / m	允许偏差 / mm
L（或B）≤30	±5
30<L（或B）≤60	±10
60<L（或B）≤90	±15
L（或B）>90	±20

砌筑顺序应符合下列规定：

①基底标高不同时，应从底处砌起，并应由高处向低处搭砌。当设计无要求时，搭接长度不应小于基础扩搭部分的高度。

②砌体的转角处和交接处应同时砌筑。当不能同时砌筑时，应按规定留槎、接槎。

在墙上留置临时施工洞口，其侧边离交接处墙面不应小于500mm，洞口净宽度不应超过1m。

抗震设防烈度为9°的地区建筑物的临时施工洞口位置，应会同设计单位确定。

水泥进场使用前，应分批对其强度、安定性进行复验。检验批应以同一生产厂家、同一编号为一批。

当在使用中对水泥质量有怀疑或水泥出厂超过三个月（快硬硅酸盐水泥超过一个月）时，应复查试验，并按其结果使用。

不同品种的水泥，不得混合使用。

砂浆用砂不得含有有害杂物。砂浆用砂的含量应满足下列要求：

①对水泥砂浆和强度等级不小于M5号的水泥混合砂浆，不应超过5%；

②对强度等级小于M5号的水泥混合砂浆，不应超过10%；

③人工砂、山砂及特细砂，应经试配能满足砌筑砂浆技术条件要求。

配制水泥石灰砂浆时，不得采用脱水硬化的石灰膏。

消石灰粉不得直接使用于砌筑砂浆中。

拌制砂浆用水，水质应符合国家现行标准《混凝土拌合用水标准》JG63的规定。

砌筑砂浆应通过试配确定配合比。当砌筑砂浆的组成材料有变更时，其配合比应重新确定。

施工中当采用水泥砂浆代替水泥混合砂浆时，应重新确定砂浆强度等级。

凡在砂浆中掺入有机塑化剂、早强剂、缓剂凝、防冻剂等，应经检验和试配符合要求后，方可使用。有机塑化剂应有砌体强度的型式检验报告。

砂浆现场拌制时，各组分材料应采用重量计量。

砌筑砂浆应采用机械搅拌，自投料完算起，搅拌时间应符合下列规定：

①水泥砂浆和水泥混合砂浆不得少于2分；

②水泥粉煤灰砂浆和掺用外加剂得砂浆不得少于3分；

③掺用有机塑化剂的砂浆，应为3～5分。

砂浆应随拌随用，水泥砂浆和水泥混合砂浆应分别在3小时和4小时内使用完毕；当施工期间最高气温超过30℃时，应分别拌成后2小时和3小时内使用完毕。[1]

砌筑砂浆试块强度验收时，其强度合格标准必须符合以下规定：[2]

注〔1〕对掺用缓凝剂的砂浆，所用时间可根据具体情况延长。

〔2〕①砌筑砂浆的验收批，同一类型、强度等级的砂浆试块应不少于3组。当同一验收批只有一组试块时，该组试块抗压强度的平均值必须大于或等于设计强度等级所对应的立方体抗压强度。

②砂浆强度应以标准养护，龄期为28天的试块抗压试验结果为准。

同一验收批砂浆试块抗压强度平均值必须大于或等于设计强度等级所对应的立方体抗压强度；同一验收批砂浆试块抗压强度的最小一组平均值必须大于或等于设计强度等级所对应的立方体抗压强度的0.75倍。

抽检数量：每一检验批且不超过250m^3砌体计强度等级的砌筑砂浆，每台搅拌机应至少抽检一次。

检验方法：在砂浆搅拌机出料口随机取样制作砂浆试块（同盘砂浆只应制作一组试块），最后检查试块报验单。

当施工中或验收时出现下列情况，可采用现场检验方法对砂浆和砌体强度进行原位检测或取样检测，并判定其强度：

①砂浆试块缺乏代表性或试块数量不足；

②对砂浆试块的试验结果有怀疑或有争议；

③砂浆试块的试验结果，不能满足设计要求。

石砌体的一般尺寸允许偏差应符合表7.3.1的规定标准。

抽检数量：外墙，按楼层（4m高以内）每20m抽查1处，每处3延长米，但不应少于3处；内墙，按有代表性的自然间抽查10%，但不应少于3间，每间不应少于2处，柱子不应少于5根。

石砌体的组成砌形式应符合下列规定：

①内外搭砌，上下错缝，拉结石、丁砌石交错设置；

②毛石墙拉结石每0.7m^2墙面不应少于1块。

检查数量；抽检数量：外墙，按楼层（或4m高以内）每20m抽查1处，每处3延长米，但不应少于3处；内墙，按有代表性的自然间抽查10%，但不应少于3间。

检查方法：观察检查。

（1）**施工机械**

园林铺地施工机械按用途大致可分为四大类：土方机械、压实机械、混凝土机械、起重机械。这里仅介绍混凝土机械里成型机械中的外部振动器。

外部振动器是在混凝土的外表面施加振动，而使混凝土得到捣实。它可以安装在模板上作为“附着式”振动器，也可安装在木质或铁质底板下，作为移动的“平板式”振动器。对于混凝土基础面层和一般混凝土构件的表面振实工作均能适应，浇灌混凝土时应用它，能节约水泥10%～15%，并且提高劳动生产率、缩短混凝土浇灌工程的周期。外部振动器使用时应注意以下几点：

①外部振动器因设计时不考虑轴承承受轴向力，各振动器使用时电机轴应呈水平状态。

②在一个模板上同时使用多台附着式振动器时，各振动器的频率必须保持一致，相对面的振动器应错开安装。

③底板安装时地脚螺栓应正确对位。

④经常保持外壳清洁，以利电动机散热。

⑤振动器不应在干硬的土地或其他硬物上转动，否则振动器将因振跳过快而损坏。

振动器每工作300小时后，应拆开清洗轴承，更换2号或1号钙基润滑脂；若轴承磨损过甚，将会使转子与定子摩擦，必须及时更换。

（2）**水体施工**

按设计标高在机械整理出水体轮廓，总形状呈自然的锅底状，整地过程中预留较好的土壤。

水体底部在轧实的基础上，在中间部位均匀铺设5cm厚的生态防渗沙，铺设从中心往四面方向铺散，铺散后用木板压实并检查是否有漏铺，用前期预留的土壤覆盖防渗沙20～30cm并轧实；按施工设计范围，在水底四周需铺20～30cm直径的鹅卵石，要求尽量紧密铺设，缝隙可用小砾石填充，防止大雨冲刷下层土壤，鹅卵石在枯水期可以起到景观作用，雨洪期起到渗排水作用。

水生植物的种植可先在水底或水边用生态袋围成80～100cm的圈墙，高度视水深而定，再在圈墙内填充种植土，种植土内可种植各种水生植物。

（3）**挡墙工程**

①生态袋挡墙主要采取鑫三角GTX生态袋系统，其有两个主要部分组成，鑫三角GTX生态袋和鑫三角连接扣，GTX生态袋是可以填充碎石、土壤、基质等多种土工材料、种植材料的无纺布袋，是美国军方研制的高分子或大分子有机聚合物，无污染、不降解、强度高、韧性好，可以为植物根系提供良好的生长空间，草、花、灌木等植物种子可以通过混播、喷播、插播、压播等4种方法加入袋中或袋表喷播，可迅速生长

绿化植物；标准扣是用于连接GTX生态袋的固定连接器，使交错码砌的生态袋之间形成稳定的三角结构，并通过整体材料的柔韧性形成自我修复的特性。施工中先下挖地基，再逐层品字形交错码砌装填好种植土的生态袋，装袋要求充分并封口牢固，每层生态袋上层比下层向墙被方向缩进5～10cm，每码高1.2m左右，整体向墙被方向缩进80～100cm，需要消除土壤的地段可先人工或机械削坡，计算侧土压力，工程中生态袋挡墙可码砌高1.2m左右台阶3～4层。

②格宾网挡墙是利用高锌钢丝编制的网笼装填石块，并联结每个网笼形成整体受力挡墙，由于高锌钢丝按30年不锈蚀标准制造，而且挡墙透水性很好，能牢固的起到拦挡作用。施工中先下挖地基，安置格宾网笼，在网笼内装填石块，然后封好网笼上盖，码砌第二层网笼时向挡墙外侧错出80～100cm左右，计算侧土压力决定码砌层数。

③生态袋挡墙和格宾网挡墙均可利用喷播技术进行绿化，喷播中可加入适当的保水剂、植物黏合剂、肥料、木纤维等，可促进草种尽快发芽扎根。

三、质量保证体系，措施及质量检测方法

（一）质量保证体系

为了保证工程质量目标的完成，我们建立健全了二级管理、三级保证的质量保证体系。二级管理即项目经理部的质量管理和公司质检部、安全部的质量管理，三级保证是指项目经理对工程质量要有保证，质检员、安全员对工程质量要有保证，总工程师对工程质量要有保证。

（一）质量保证措施

1.认真落实岗位负责制

2.建立日检、周检、月检、季检制度

①日检即由工地质检员每日进行质量检查，做好检查记录，报公司质检科备案。

②周检：即由公司质检科组织、公司质检员、安全员，工程项目经理、工程施工员，工程质检员，工程安全员，参加每周六进行质量检查，由公司质检员做好记录，报总工办备案。

③月检：由公司总工办组织、质检部、安全部、材料部及项目经理部参加，每月

10号进行质量检查，将检查结果做好记录、报总工办备案。

④季检：由公司经理办公室组织，总工程师，各部门负责人，项目经理参加，每季度的中间一个月的15号检查，将检查结果以公司文件的形式发往各科室。

3.建立奖罚制度

使工程质量与经济效益挂钩，根据周检、月检、季检的结果对各负责人做奖罚处理。

4.班前交底，组织学习

做好班前质量交底并组织工人每周学习一次规范标准，学习时间不得低于2小时。

5.把关材料

对材料入场严格把关，不合格材料坚决不允许进场。

6.加强工序管理

加强工序管理，上道工序检验不合格，不得进入下道工序。

7.加强联系

加强与建设方、监理的联系，密切配合，听从监理工程师指挥，共同保证工程质量目标的实现。

8.引进先进的工艺

引进先进的工艺和做法，如对彩色模压砼路面，鹅卵石路面的工艺改进，对部分树种的栽植，如银杏，采用“渗透”栽植法，使其成活率达到100%，另外采用生根粉、叶宝绿喷洒及保水剂运用等。

四、结束语

通过上述工程措施的有力实施和技术保障，永定河森林公园生态修复工程圆满完成，此项工程是市政府确立的奥运重点绿化工程，是门头沟区落实生态涵养发展区功能定位的重大举措，对于“治理污染、净化空气、防风降尘、涵养水源”发挥了很好作用，对于改善首都的生态环境、提高居民的生活质量、发展生态旅游具有十分重要的意义。首钢搬迁后，长安街西延线将穿过首钢现址伸入门头沟区内，而永定河森林公园则依偎在长安街西延线两边，形成长达1km多的“绿色通道”。市民从市中心驱车25min来到这里，就能享受河水依随、翠绿相环、远山嫣然的郊野自然风光。

永定河森林公园生态修复工程规划设计总平面图

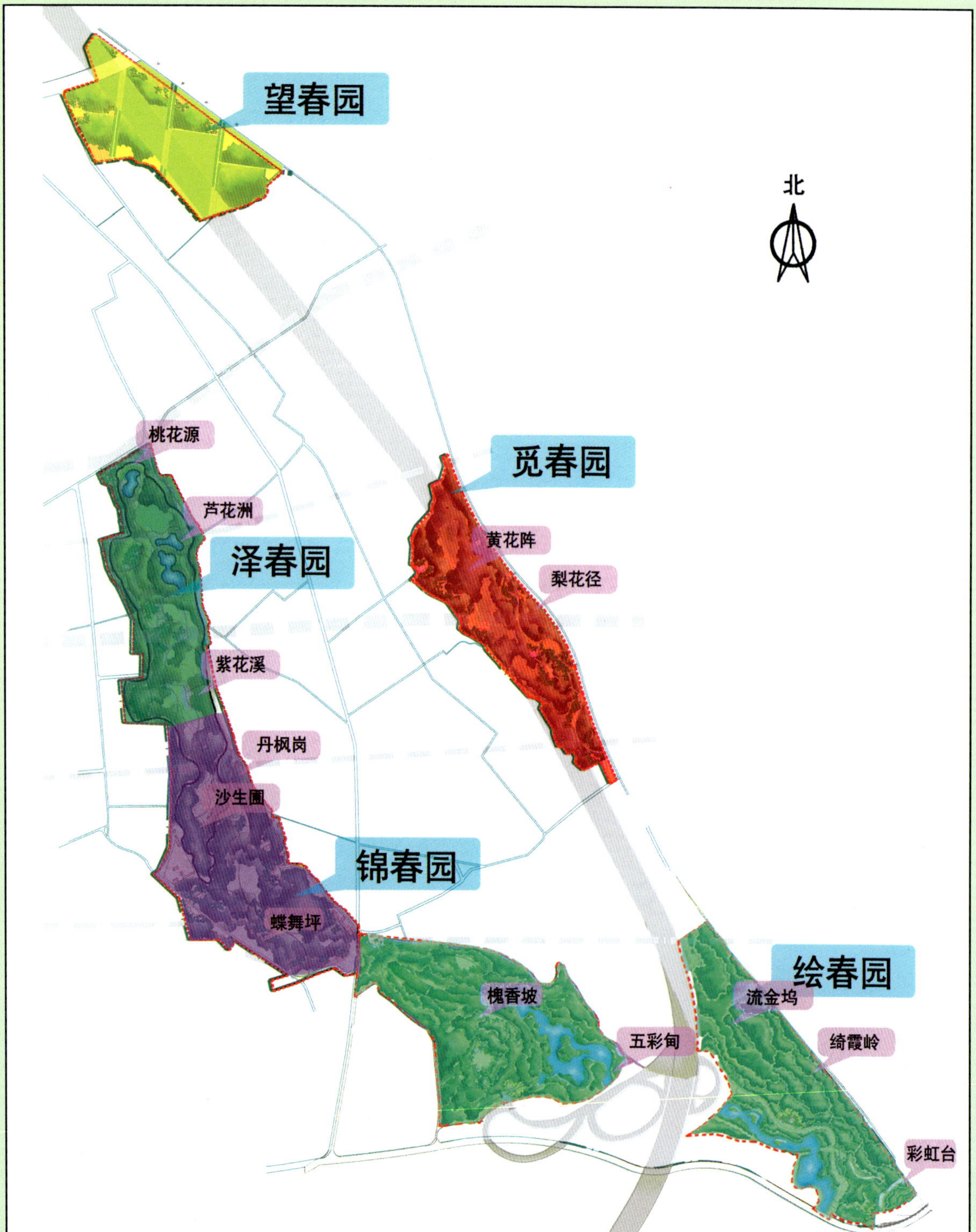

永定河森林公园生态修复工程规划设计景区景点分布图

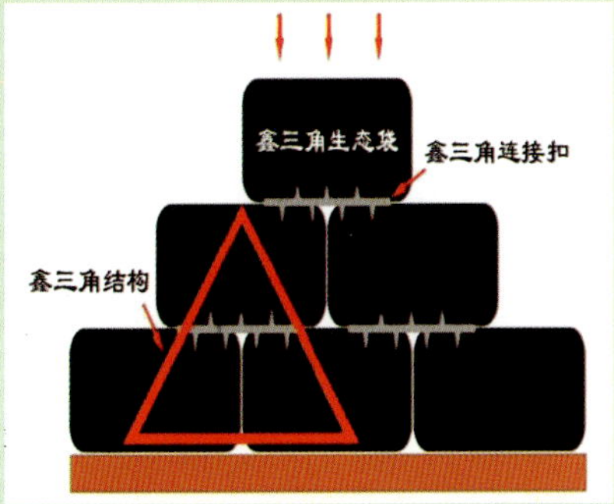

生态袋技术图示

生态袋绿化效果1

生态袋绿化效果2

生态袋绿化效果3

永定河森林公园绿化后景观

永定河森林公园绿化前后对比图1

永定河森林公园生态修复工程

永定河森林公园绿化前后对比图2

永定河森林公园（大沙坑）修复前状况1

永定河森林公园（大沙坑）修复前状况2

永定河森林公园（大沙坑）绿化后效果1

永定河森林公园（大沙坑）绿化后效果2

永定河森林公园（大沙坑）绿化后效果3

永定河森林公园生态修复工程

永定河森林公园绿化后效果

永定河森林公园绿化后效果

妙峰山镇杨岭石灰厂
关停废弃矿山生态恢复示范工程

一、项目区概况

妙峰山废弃矿山生态恢复试点工程总面积共200亩，项目区位于北京市门头沟区妙峰山镇，原来是灰窑和采石场、还有化工厂，山体开采破坏严重，植被稀少，紧邻妙峰山风景区沿线，前期在关停拆迁的基础上，机械运输和平整、搬运土方72000m^3，客土回填等共动土石方36000m^3。

1.地形与地势

由于开采形成三层平台，高差大小不一，有陡峭的崖壁，最大高差达30m左右。

2.气候条件

项目区属温带东岸大陆性气候——华北类型。其特点是冬季寒冷、干燥、多风，秋季凉爽湿润，多年平均气温11.7℃，气候因地形的变化较大，平原与山区相差10天左右，阴坡与阳坡相差5天左右。流域内以西北、北风为主，多年平均风速2.7m/s，极端最大风速可达24m/s，一般每年出现3～7次7～8级大风，且多发生在4～7月份。该区也是降雨较多的地区之一，且多以暴雨形式出现，具有历时短，强度大的特点，暴雨时常伴有大风、冰雹天气。

3.植被状况

由于本流域海拔较低，阴阳坡气候差异不大，土壤干旱贫瘠，因此植被类型极少。灌

木以荆条、蚂蚱腿子为主，草本以白草、蒿子为主。

4.土壤条件

项目区内土壤贫瘠，以开采石灰岩碎渣和砂砾石为主。

5.水土流失情况

项目区为人工开采的山体和弃渣堆，土层结构严重破坏，土壤贫瘠，植被覆盖率低。因为项目区多风、多雨，因此水土流失极其严重，亟待采取适当措施进行治理整顿，以免发生严重的水土流失或灾害。

二、建设指导思想

按照《门头沟区生态环境建设规划》的总体要求和区委、区政府生态涵养发展的定位，通过绿化治理，建设容环保、休闲、旅游、集散于一体的景观生态林，并与本地区前期生态建设工程相衔接融合，改善区域的投资建设环境，通过生态建设带动经济发展，初步建立首都西部生态环境保护屏障，与全区的生态修复实施计划相协调，符合首都对门头沟区生态涵养发展的功能定位。

三、具体实施方案

整个工程在工程措施的基础上，以绿化种植为主，种植华山松、白皮松、雪松、油松、银杏、杜仲、山楂、碧桃、金枝槐、法桐等乔、灌木7万余株；花卉6千余株；地锦、扶芳藤等藤本植物10万余株。建设浆砌挡墙1000m^3、生态袋挡墙喷播1500m^2、土工格室喷播6000m^2、铺砌护坡连锁砖10万余孔。

1.弃渣破面的治理

弃渣破面主要分为作业平台的边坡和集中的弃渣坡。

①原有作业平台的边坡参差不齐、稳定性差，首先进行机械削坡整理，一般应达到自然安息角，不便削坡过多的应尽量整理达到比较稳定，在机械削坡的基础上进行人工整理坡面找平，较陡的坡面下端砌挡渣墙，防止塌坡、溜坡，这项工程，我们主要采用铺砌护坡连锁砖整治坡面，砖内回填种植土，大量种植地锦，这样，植物根系的生长和藤蔓的攀爬覆盖，大大增加了坡面的稳定性，也起到了绿化美化的作用。

②对于比较集中的弃渣坡，这里主要是坡度较陡、坡长较大的坡面，平均坡度在50~60°，主要是采石场堆弃的石块和山坡土混料，自然条件下互相错落咬合、黏结，具有一定的稳定性，但是容易被雨水冲刷形成滑坡，我们针对这种情况采用了土工格室喷播的方法。首先人工进行坡面浮石、浮土的处理平整，在处理坡面较稳定的基础上，坡面下端砌筑挡渣墙，防止滑坡。坡面利用钢制铆干在坡面固定高强度聚丙烯土工格室网，每平米钉制4根钢制铆杆，外露15cm左右，人工进行钢筋和土工网的绑定，构成具有高强度三维网格结构体，在此基础上利用机械喷播掺有粘合剂、保水剂、种植土、草炭土、植物种子和有机肥料的基质，并覆盖遮阳网，使植物迅速扎根生长，起到稳固土壤的作用，修复坡面的植被生态。由于土工格室形成了立体孔状结构，深度为10～15cm，促进了土壤搭鹊桥现象的形成和分解承载土壤重量，而且由于产品质地为高分子聚合物，具有耐酸碱度、抗氧化、抗紫外线、抗拉伸、没有水溶性等高强特性，很大程度上稳定了土壤结构。

在客土技术上采用了传统的空压机喷土，可在土壤较少的地段填实土壤稳定基质，针对坡面较陡、易产生土壤滑坡的地段，我们利用德国技术的大型客土喷播机喷播草炭土、种植土、粗纤维、有机黏合剂、保水剂、肥料和植物种子组成的基质，促进植物迅速生长，形成植物根系发达的土壤结构，可以有效地涵养水源、防止滑坡。在土壤选择上注意不能只用普通黄土，这样喷播后，随着浇水和自然沉降会造成板结，对植物生长造成不利因素，难以形成绿蔽坡面。肥料选择上主要选择有机肥料和偏酸性肥料，目的也是要防止土壤板结。

植物种子方面，我们坚持灌草搭配的原则，喷播抗旱、抗瘠薄、出芽快、生长茂盛的荆条、胡枝子、蒙古冰草、西伯利亚冰草，以及臭椿、紫穗槐等植物种子，喷播前进行催芽处理，喷播后采取覆盖遮阳网洒水，使坡面在较短时间内长成相对茂密的灌草植物群落，达到稳定坡面的目的。

2.对于开采创面的治理

开采创面主要是开采形成的立陡崖壁和较陡的岩石坡面。

①对于立陡崖壁处理方法，主要是利用鑫三角GTX生态袋在崖壁底部砌筑台地挡土墙，形成数米高的分层阶梯，每层阶梯上再种植树木，这样整体绿化在竖向高度上很大程度遮蔽了崖壁，在崖壁上下再种植地锦，上挂下爬，以达到绿化的效果。鑫三角GTX生

态袋形成的挡土墙稳定性很高，可利用表面喷播的技术进行绿化，我们利用了喷播车喷播植物种子、木纤维、有机肥、植物黏合剂、保水剂，然后覆盖遮阳网浇水养护，基本上7～10天就能见绿，30～40天达到绿蔽。植物种子选择了冰草、老芒麦、胡枝子、沙打旺等相对立径较小的植物。覆盖遮阳网的目的主要是分散浇水面积，防止把喷播基质冲刷掉，另外也可增加土壤和喷播基质的保湿率，促进植物种子迅速生长。生态袋挡土墙另一种绿化方法，是在生态袋之间，夹播藤本植物，如扶芳藤、地锦、金银花等，也可以很快达到绿蔽的效果。

② 对于较陡的岩石坡面，主要采用了格宾网袋的绿化方法。就是在利用人工处理平整坡面的基础上，码放已绑定好的格宾网笼，每个格宾网笼规格是2m(长)×1m(高)×0.4m(厚)，钉制铆杆进行网笼和山体的固定，每平米钉制2～4根ϕ12长1m的螺纹钢筋，外露10cm左右，人工绑定铆杆和格宾网笼，在网笼内分层人工码砌装好种植土的植生袋，植生袋间相互压紧一部分，封盖网笼，覆盖遮阳网，浇水养护。注意格宾网笼码放的平整度，减少人工践踏破坏植生袋。由于植生袋外皮夹层中夹有定制好的植物种子，在浇水养护后很快形成各种植物的群落，植物根系形成交错的三维网络，既起到绿化美化的作用，又达到稳定整个坡面的作用。

3.作业平台的治理

原有作业平台遗留大量的建筑垃圾、白灰和化工厂的弃渣，在清除外运的基础上，普遍客土50cm，再进行坑穴客土，对种植的大型树木坑穴内加放渗水袋，能缓慢持续供给植物水分，一定程度上保证了植物成活。总体原则上主要是加大种植坑穴，多换种植土，确保植物成活率。树种选择上主要以本地抗性强的植物为主，常绿植物选择了油松、华山松、侧柏等，阔叶植物选择了刺槐、黄栌、火炬树、银杏、杜仲、法桐等，目前均生长良好。

4.截排水的处理

利用地形、道路顺势疏导水流，在坡顶和汇水面修建截排水沟，防止坡面的过大冲刷，有效保护建设成果，可以结合布道、台阶、管涵、沟渠等多方面排水。

工程建设在达到植被恢复目的的同时兼顾景观效果，以自然组团形式为主，植物群落与周边山色溶为一体，突出植物高低错落、林冠的优美曲线和色彩的丰富变化，形成师法自然的森林效果，成为旅游沿线的生态林景观。

妙峰山镇杨岭石灰厂生态恢复示范工程图1

说明：

本设计地块为废弃矿山，种植土较为贫瘠，且土层较薄，气候条件较为干旱，故此应选择浅根系，耐旱，耐贫瘠的树种，并且以乡土树种为主，兼顾四季常绿，三季有花的植物景观效果。

片林以复层种植为主，起到阻隔视线、围合空间的作用。局部点缀观赏性较强的花灌木，形成疏林草地的效果。

草坪尽量采用野牛草、白三叶混播，减少纯草坪面积，以便节约未来的养护成本。

边坡种植以客土喷播苇状羊茅、紫花苜蓿、高羊茅、荆条、胡枝子、山杏等为主，局部结合常春藤、地锦等藤本。

名称	规格	种植密度
油松	H=2.5～3.0m	
栾树	D=6.0～7.0cm	3.5m×3.5m
国槐	D=8～10cm	5m×5m
榆叶梅	H=1.5～1.7m	
碧桃	H=1.5～1.7m	
杏树	H=4.5～6.0m	5m×5m
沙地柏	H=0.8～1.0m	1m×1m
金银木	H=1.2～1.5m	1.5m×1.5m
紫穗槐	2年生苗木	0.3m×3m

妙峰山镇杨岭石灰厂生态恢复示范工程图2

1 生态袋
2 客土喷播
3 客土林带
4 防护林带
5 林荫停车场
6 音乐喷泉
7 喷泉广场
8 矮墙坐凳
9 树阵
10 河道景观
11 入口小广场
12 花圃
13 置石
14 散步道
15 林间小广场
16 疏林地被
17 嵌草铺装

说明：

本设计地块在生态恢复的基础上，结合考虑了景观设计，使之成为一块可供游人休憩停留的郊野公园，同时成为前往妙峰山的一个休息驿站．作为郊野公园与城市广场有所区别，更应注重与当地自然环境的融合，充分利用当地材料。

本设计以种植为主，以绿色的背景衬托喷泉广场，在广场两侧布置嵌草铺装，上置矮墙坐凳，矮墙后衬以列植乔木．铺装及矮墙坐凳采用采石场遗留石材砌筑而成，成为一道独特的风景。背景片林内设置多处小空间，供游人进行较为私密的聚会。同时以曲线的散步道连接各个景观。

2006年7月28日，北京市政府在妙峰山杨岭生态修复工程实施地点召开全市生态修复工作现场会（图前左一为本书作者李建）

2008年5月3日，北京市市长郭金龙一行视察妙峰山杨岭生态修复示范工程

2006年9月14日，平谷区四大部门领导参观考察妙峰山杨岭生态修复示范工程（图左一为本书作者李建）

2006年9月29日，全国人大领导参观考察妙峰山杨岭生态修复示范工程

2006年10月18日，全市各区县镇长党委书记参观妙峰山杨岭生态修复示范工程

妙峰山杨岭石灰厂生态修复后

妙峰山杨岭石灰厂生态修复后

生态袋护坡技术

2006年废弃矿山修复工程杨岭矿施工前

2006年废弃矿山修复工程杨岭矿施工后

雁翅镇青白口石灰厂关停废弃矿山生态恢复工程

一、工程概况

本项目地处山区，占地面积90亩，现场为开采石材和灰窑造成的山体破坏，石材开采区坡面浮渣多且不稳定。坡面无种植土,基岩裸露。山体坡度30～90°，地形高差变化较大。灰渣坡残留白灰渣面积和厚度较大。

该工程由金叶园林建筑工程有限公司组成的废弃矿山植被恢复工程施工项目部负责，施工工期从2007年8月24日至2008年4月12日，实际用了120天时间，安全文明施工，圆满完成了雁翅镇青白口石灰场植被恢复工程。

二、工程施工原则

1.安全性原则

边坡的生态修复，在确保边坡稳定性的前提下进行，同时结合施工工艺确保施工安全。

2.适地适树原则

坚持适地适树，实现生物多样性原则，边坡生态恢复限制因素多，乡土植物的抗逆性和适应性强，此工程复绿优选乡土植物，建立与周边环境协调一致的生态景观。

3.因地制宜的原则

坡面不同位置岩面情况不同，根据坡面具体情况因地制宜地采用先进、适用、可靠的复绿技术，建立乔灌草藤结合的立体复绿植被，确保复绿不被冲刷、不退化，实现快速和持久复绿。

4.长期效果与短期效果兼顾的原则

以草本或速生树种为前期先锋复绿植物，以亚乔木或小灌木作为后期效果形成原生态的自然景观，并最终形成乔灌草藤的立体生态模式，达到长久的恢复自然植被的目的。

5.经济适用的原则

以往的绿化工程运用大量的城市园林手法，大色块，大图案或硬质景观。这样不仅增加造价，草本又极易退化，造成后期维护费用成本高。此工程尽量避免过多地运用城市园林手法，所选择的植物为专门适应边坡生长，根系发达，抗逆性强，多年生，有自我更新能力，能保证后期在低养护和无养护的条件下可正常生长。

三、完成的工程量

弃渣平整41400m^3；客土15000m^3；干砌挡渣墙229.17m^3；格宾网挡渣墙1669.35m^3；生态袋422.5m^2；干砌截排水沟143.08m^3；浆砌截排水沟65.37m^3；植生袋格宾网挡网渣护坡1819m^2；铺方砖路238m^2；建泵站一座，蓄水池1座。安装水泵一个，潜水泵1个，供水管线1100m；种植各种苗木23068株；播种草籽525kg。

四、采用的新技术、新方法

1.格宾网挡渣墙

为防止矿渣坡滑坡，保护整体坡体，防止下滑，确保坡面安全稳定将格宾网挡渣墙设置在一、二层梯田坡面上。墙的高度、宽度、根据实际情况而定，一般3～8m，坡度35～60°。坡面修整后定点放线，打木桩直径6～10cm，桩长50～80cm，桩的密度间隔2m，ϕ18～22的钢筋铺设连接，为了整体复绿效果见效快，我们采用了两种新方法，一是在梯田底部种植了五叶地锦，二是根据当地空气湿度大,易于草籽发芽的气候特点，在整好的石渣坡上加覆一层20cm厚带有灌木种、草籽的种植土，然后干砌30cm厚石块,采用钢铅地锚固定格宾网，网箱上盖紧密连接。在石块的缝隙里撒土，播撒草籽，现在草种已经从网眼、石头缝中长出，且长势良好。

2.植生袋格宾网挡渣护坡

植生袋格宾网挡渣护坡是把植生袋与格宾网挡渣墙两种工程措施结合使用的技术，它有着防暴雨冲刷，防坡面滑坡，种植土不流失等特点，第三层梯田位置较高，更易产生滑坡，所以将植生袋格宾网挡渣护坡设置在这个位置。在砌筑植生袋的过程中按照袋压袋的原则进行砌筑。格宾网在坡面坡度48° 以上做。布筋、打桩保护植生袋不下滑，同时又防止了植生袋直接被水土冲击倒塌。采用钢铅地锚固定措施,横纵向2×2m布置钢铅地锚,根据地质条件，地锚长度选择0.8～1.2m,直径18～22mm的罗纹钢。用紧网器拉网子,避免了植生袋和格宾网分离。

3、生态袋

白灰场施工中用的生态袋透水不透土，耐腐蚀性强，抗UV，不降解。施工基底只要有一个大体基底平面就可以了。用已填满砾石（级配2～4cm）的生态袋去创建底部层，埋深为1/8坡高。从前面到后面拉平袋子，使得生态袋一个接一个排列。在底部层单元被正确地安置放好之后，压实生态袋及其后面和前面的回填以防止移动。生态袋首先采用喷播,但效果不理想,草种不易生根,生长不旺盛,后来采用草籽和泥浆按一定比例混合在一起,但是这两种效果都不理想,最后采取打孔播种的方法,在每个生态袋上打孔20个左右,一边打孔一边播种,经过20天的精心养护，草种全部发芽成活,幼苗长势茁壮，生态恢复效果良好。

4.堆土打埂、施工作业路

灰渣坡外运灰渣12600m^3,处理后做了三个大型梯田,斜坡面8～10m， 坡度40～45° ,梯田上做50cm客土,每个梯田上采用堆土打埂的方法,土埂宽度1.2～1.5m,

厚度30～40cm，堆土打埂增加了土层的厚度，在土埂上种植火炬、黄栌等乔木，其他地方播种灌草籽，打梗可以起到保水作用，当雨季来临，有大的降雨时可以起到排水的作用。

每道梯田上修一条施工作业大路，上苗木、客土时可以用人用车，栽种完苗木后在上面撒播草籽、种植山杏。雨季时也可以起保水、排水作用。

五、工程技术措施

1.废弃矿渣平整

在2007年8至10月中，动用了数台车辆机械进行施工。原矿渣堆高达30m，矿渣坑深约15m。坡度大，坡长平均为45m。平整前的矿渣堆坡最陡达78°。平整后每间隔6～10m，砌筑一道挡渣墙，降坡后坡度在45～58°之间，满足了废弃矿山植被恢复的种植条件。

2.干砌挡渣墙

主要用于坡度比较小的地段，同时坡底有位置放坡，采用块石砌筑。

3.客土

根据种植的各种不同需要，做了大量的客土，平整砌筑挡渣墙后给搬运客土带来了不便，没有路走，机械车辆不能到达指定地点，因此大面积客土靠的是人工背到指定地点，客土为提高生态种植的成活率提供了有力地保障。

4.建泵站

根据现场实际情况，高差大，修复工作面呈线形分布，故需建造泵站，以满足施工用水和养护用水需要。之后，在工程现场内合理敷设了供水管线。

5.砌筑蓄水池

因工程现场没有水源，工程中所需用水全部需外购，根据现场实际情况，高差大，修复工作面呈线形分布，故需建造一座35m^{3}蓄水池，以满足施工用水和养护用水需要。

6.排水沟

对坡体较大及排水不良的地段设置了截排水沟，拦截汇水面水量，防止坡面受到冲刷造成坍塌。

7.苗木种植

根据现场实际情况，为达到一个近似自然的治理效果，绿化苗木方面选用适合当地生长的树种。采用常绿乔木、落叶乔木和灌木及地被相结合的方式。主要有侧柏、油松、火炬树、黄栌、地锦、沙地柏、碧桃、月季及适合当地生长的灌木种以及草种。

六、工程组织管理

此工程项目部各工种技术力量齐备，管理体系健全，项目部的组织力量突出，能够把建设单位和监理的意见、建议充分落实到实处，按时保质保量的完成。在组织人力、材料和机械方面组织得力，所完成的工程质量达标，符合设计要求和施工质量标准。

施工项目部的人员参加了北京市沙产业协会举办的“关停废弃矿山植被恢复工程”培训班，根据废弃矿山植被恢复工程的总体要求和有关精神，制定了“质量第一、优质安全”的工程管理目标以及相关的一系列管理措施及保障体系，从而保证了工程保质保量的按期完成。

七、工程安全保证措施

施工有完整的安全生产管理体系，建立了安全生产责任制及安全生产事故应急预案。上岗前对职工进行安全教育，现场设立了明显的安全警示标志，上岗人员全部配戴安全帽，现场设置了佩戴红袖标的专职安全员。

八、效益评价

雁翅镇青白口石灰场废弃矿山植被恢复工程，体现了以生物措施为主、工程措施为辅的指导思想，采用了新技术、新工艺、新方法。修复面积90亩，目前的绿化面积达到90%，几年后待地锦等藤本植物发挥覆盖作用后，绿化面积可达到98%以上。实现了护坡治沙、保持水土及绿化美化环境的植被恢复的预期效果。

雁翅镇青白口石灰场植被恢复工程图1

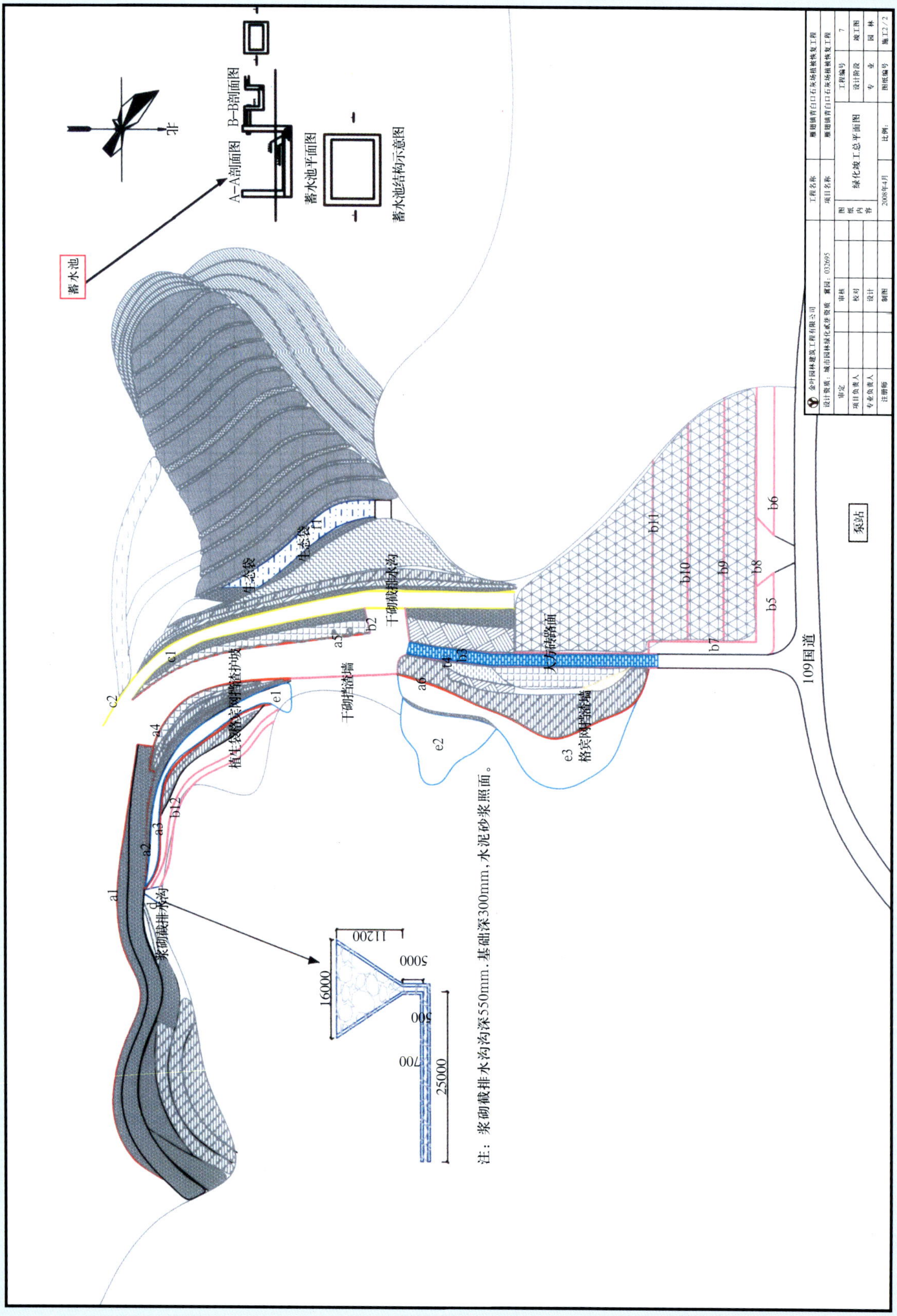

雁翅镇青白口石灰场植被恢复工程图2

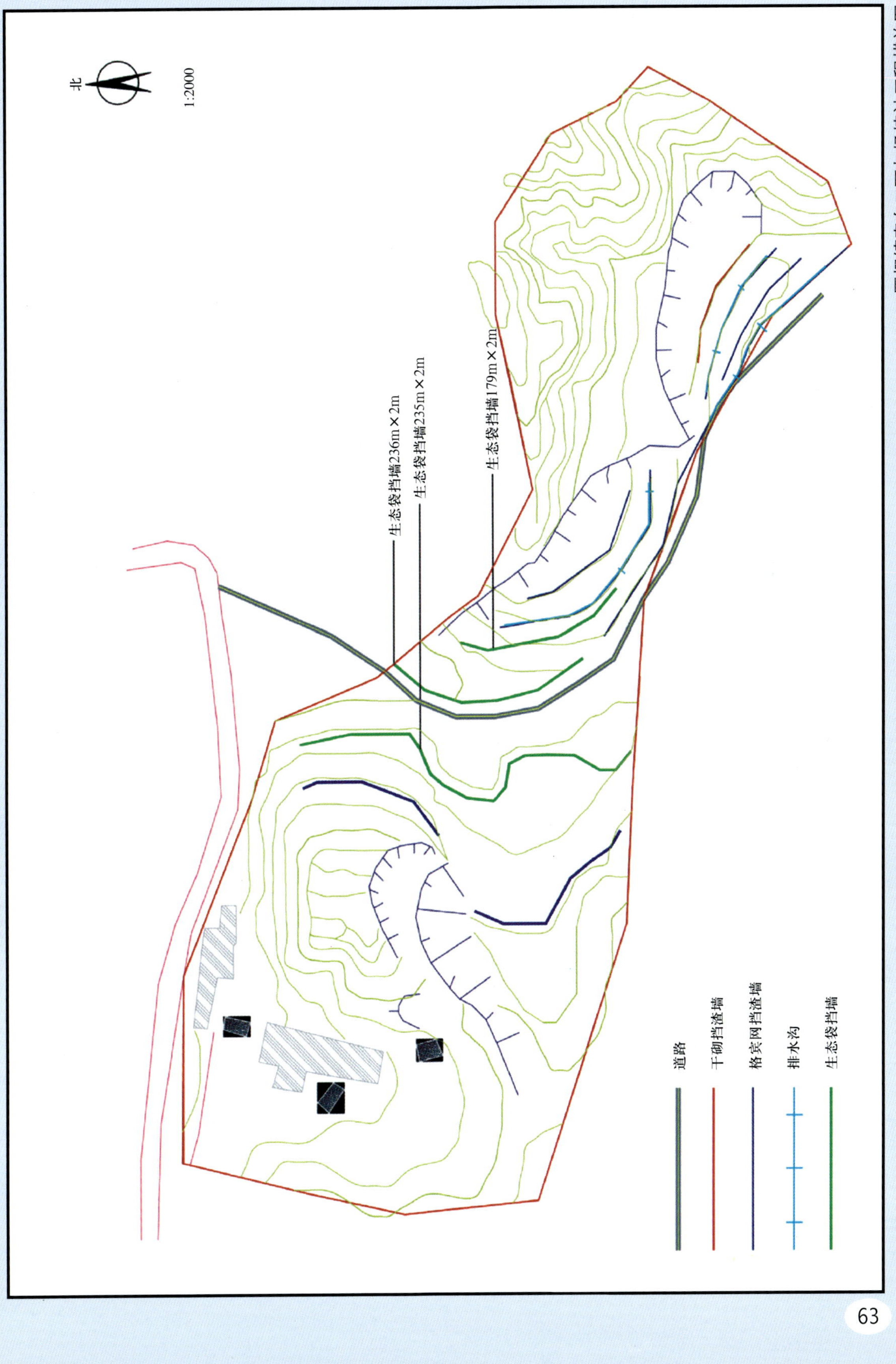

雁翅镇青白口石灰场植被工程措施图

雁翅镇青白口石灰厂施工前入口

雁翅镇青白口石灰厂施工后入口

雁翅镇青白口石灰厂施工后三个月入口

雁翅镇青白口石灰厂施工前灰渣坡

雁翅镇青白口石灰厂施工后灰渣坡

雁翅镇青白口石灰厂施工后现状

雁翅镇青白口石灰厂施工前石渣坡

雁翅镇青白口石灰厂施工后石渣坡

雁翅镇青白口石灰厂施工后三个月石渣坡

雁翅镇青白口石灰厂施工前石渣坡

雁翅镇青白口石灰厂施工后石渣坡

雁翅镇青白口石灰厂施工后三个月石渣坡

2007年雁翅镇青白口石灰厂施工前灰渣坡

2007年雁翅镇青白口石灰厂施工后

2007年雁翅镇青白口石灰厂竣工后

潭柘寺镇鲁家滩利民采石场关停废弃矿山生态恢复工程

一、工程概况

1.项目区概况

（1）地形地貌

本项目地处山区，地形起伏较大，地形地貌受区域构造线及地层岩性控制，大体呈东西方向展布。现场为开采石材造成的山体破坏，矿渣坡面居多。石材开采区随山体方向延伸。山体坡度30～75°，地形高差变化较大。植物发育覆盖层较薄，土壤结构差，有机质含量低。局部基岩裸露，属片麻岩结构。

（2）气候特点

项目区属于暖温带半湿润季风气候区，四季分明，冬春西北风偏多，气候寒冷少雨雪；夏季炎热，秋季天高气爽，日照充足。

2.项目建设内容

（1）土方工程

（2）土建工程

（3）绿化工程

（4）护坡工程

（5）给排水工程

二、工程施工原则

1.安全性原则

边坡的生态修复在确保边坡稳定性的前提下进行，同时设计的施工工艺确保施工安全。

2.以乡土植物为主

适地适树地实现生物多样性原则，边坡生态恢复限制因子多，乡土植物的抗逆性和适应性强，此工程复绿优选乡土植物，建立与周边环境协调一致的生态景观。

3.因地制宜的原则

坡面不同位置岩面情况不同，根据坡面具体情况因地制宜地采用先进适用、可靠的复绿技术，建立乔灌草藤结合的立体复绿植被，确保复绿不被冲刷、不退化，实现快速和持久复绿。

4.长期效果与短期效果兼顾的原则

以草本或速生树种为前期先锋复绿植物，以亚乔木或小灌木作为后期效果形成原生态的自然景观，并最终形成乔灌草藤的立体生态模式，达到长久的恢复自然植被的目的。

5.经济适用的原则

以往的绿化工程运用大量的城市园林手法，大色块，大图案或硬质景观。这样不仅增加造价，草本又极易退化，造成后期维护费用成本高。

此工程尽量避免过多地运用城市园林手法，所选择的植物为专门适应边坡生长，根系发达，抗逆性强，多年生，有自我更新能力，能保证后期在低养护和无养护的条件下可正常生长。

6.施工风格与理念

（1）此工程景观施工的风格为：建设有地方特色的生态型绿色景观。

（2）此工程所提倡的生态理念为：

A.植物群落结构：从单一草本植物群落向乔灌草藤结合的复合群落转变。

B.物种选择：从引进外来植物向应用乡土植物转变。

C.治理目标：从注重短期景观改善向注重长期效果以及生态功能转变。

三、工程技术措施

在此项工程中总工程量为：废弃矿渣平整量14.1080×10^4m^3，平整面积约210亩；浆砌挡渣墙1320m^3；干砌挡渣墙1619m^3，格宾网挡渣墙2003m^3；客土40000m^3；植生袋挡渣墙2313m^3；砌筑水池3座，容积480m^3；安装灌溉水管线2900m；种植各种苗木24530株；播种草籽1385kg。

1.采用的新技术、新方法

（1）格宾网挡渣墙

工程措施中的格宾网挡渣墙设置在关键位置，因坡底是干涸的河道，为防止矿渣坡滑坡堵塞河道而影响泻洪，故此坡采用了六道格宾网挡渣墙，防止暴雨冲刷，保护整体坡体，防止下滑。墙的高度、墙宽，根据实际情况而定。靠排水沟位置的格宾网挡渣墙，加高、加宽、防止暴雨冲刷，格宾网保证挡渣墙的牢固性。格宾网挡渣墙，测量放线，开挖好基槽，夯实处理后，定点放线铺设连接格宾网箱，码放石材高30cm为一层，加覆一层10cm厚带有灌木种、草籽的种植土，砌筑到设计高度为止，网箱上盖紧密连接。后期草种发芽从网眼、石头缝中长出，利用格宾网挡渣墙结合植物根系阻挡坡面水土流失，同时又起到了良好的生态复绿效果。为了复绿效果见效快，在格宾网挡渣墙外侧又种植了五叶地锦，同时也增加了山体的秋色景观。

（2）植生袋挡渣墙

工程措施中，其中植生袋挡渣墙，有它的特殊性，防暴雨冲刷，坡面种植土不流失，植生袋挡渣墙与格宾网挡渣墙结合使用，防止格宾网挡渣墙下沉、变形等。植生袋中掺加了草种及灌木种，发芽后恢复生态效果既快又好。植生袋挡渣墙在坡面坡度48°以上做。布筋、打桩保护植生袋不下滑，同时又防止了格宾网挡渣墙直接被水土冲击倒塌。坡面修整后定点放线，打木桩直径6～10cm，桩长50～80cm，桩的密度间隔2m，ϕ6mm的钢筋铺设连接，顶层与木桩连接，下部与格宾网墙上口连接牢固，中间层钢筋上部与上道格宾网墙下口连接，下部与下道格宾网墙上口连接牢固，平均打桩4m^2一个，坡度大处适当加密打桩。砌筑植生袋以品字形压叉码放。

2.废弃矿渣平整

在2007年8～10月中，动用了数台车辆机械，包括推土机、装载机、挖掘机，翻斗车配合使用。原矿渣堆高达30m，矿渣坑深约15m。坡度大，坡长平均为45m，其中B区最长坡长达75m。平整前的矿渣堆坡最陡达78°。平整后每间隔6～10m，砌筑一道挡渣墙，降坡后坡度在45～58°之间，满足了废弃矿山生态修复的种植条件。

3.浆砌挡渣墙

主要用于坡度比较大，同时坡底又不易放坡的地段，采用片石砌筑。验线合格后，按图示尺寸进行基础开挖、夯实。基础夯实验槽后进行砌筑，砌筑过程中灰浆饱满度不低于80%，砂浆标号M7.5号水泥砂浆。墙体平整度为±10mm。砌墙砂浆为M7.5号水泥砂浆，墙体立面为水泥砂浆抹缝，宽5cm，砌边保持整齐，墙面清理干净。墙顶水泥砂浆压顶，由墙底向下抹5cm小檐。抹灰前进行基底清理，保证砂浆粘接牢固；清理干净后进行抹灰，砂浆标号M7.5号水泥砂浆，抹灰完成面顺直，平整度为±2mm。

4.干砌挡渣墙

主要用于坡度比较小的地段，同时坡底有位置放坡，采用片石砌筑。根据图示位置进行定位放线，验线合格后，按图示尺寸进行基础开挖、夯实。基础夯实验槽后进行码筑。码筑前，对放好的线复查，位置、尺寸符合要求，根据石料规格确定码筑，每隔30cm高种一层草籽。码墙平整度好，排列空隙小，平整度±5mm，墙顶收边石材选料保证墙体美观。

5.客土

根据种植的各种不同需要，做了大量的客土，平整砌筑挡渣墙后给搬运客土带来了不便，没有路走，机械车辆不能到达指定地点，因此是大面积客土靠的是人工背到指定地点。

6.砌筑水池

因工程现场没有水源，工程中所需用水全部需外购，根据现场实际情况，高差大，修复工作面呈线性分布，故需建造三座水池，以满足施工用水和养护用水需要。之后在工程现场内合理敷设了供水管线。

7.排水沟

对于坡体比较大及排水不良的地段设置了截、排水沟，同时防止坡面积水而引起山体滑坡。

8.苗木种植

根据现场实际情况，为达到一个近似自然的治理效果，绿化苗木方面选用适合当地生长的树种。采用常绿乔木、落叶乔木、灌木及地被相结合的方式。主要有侧柏、油松、火炬树、元宝枫、黄栌、地锦、沙地柏、碧桃、月季及适合当地生长的灌木种以及草种。

四、工程管理组织

此工程项目部配备各工种技术力量，管理体系先进，能够层层落实，不拖拉。在管理思想、管理体制和管理程序上科学合理，真正做到以质量求生存，向管理要效益。

项目部的组织力量突出，能够把建设单位和监理的意见、建议充分落实到实处，按时保质保量的完成。在组织人力、材料和机械方面组织得力，所完成的工程质量达标，符合设计要求和施工质量标准。

五、工程质量保证措施

1.工程质量目标

本工程实行严格的目标管理，确保工程质量达到优良标准。在日常施工中教育本工程施工的全体人员，牢固地树立起“质量第一”“优质安全”的意识，围绕优良工程的目标，层层分解到各个施工环节和日常的施工管理中去，对每一分项工序的验收，首先要求施工单位自检自查，然后监理与业主签证验收，合格后再进行下一道工序的施工，以确保工程的质理达标，特别是隐蔽工程的每一道工序，更须严格执行上述程序。

2.工程具体措施

(1) 产品保护措施

①在施工时，无论是施工搭接还是具体操作过程中，均注意产品的保护工作，以使工程达到优质低耗。

②施工人员在上岗操作前，均应作出明确的产品保护及具体要求。

③协调好各工种的施工搭接，除严格按操作规程及优良工程要求施工外，必须做到对其他工作面不产生污染和破坏，使工程的整体质量均达到优良整洁。

(2) 土方工程质量保证措施

①种植土到现场后，必须严把质量关，抽样不合格一律不许进场。

②种植土按施工顺序，分区集中进入工地，避免造成土质不一。

③生长不良、带病害、规格不达标的苗木，坚决不选。

④根据非种植季节栽植的特殊性，所有苗木必须带土球，挖掘土球规格必须大于常规土球标准10%～15%。

⑤大规格苗木球体大的苗木装卸车，栽植须配备吊装机械。

⑥苗木到现场后，监理进行验收，确保苗木质量。

⑦乔木及主体大灌木植后为减少水分蒸发须用草绳绕干。

⑧乔木须用支干三角方位固定，树干部位用护套索防止树干表皮损伤。

⑨部分树种根据具体情况用遮荫网搭棚防止日光直晒。

⑩及时浇灌，次日复水。

⑪监理监督每一道工序的完成。

六、工程安全保障措施

在整个施工过程中，我们始终贯穿安全重于泰山，安全第一，预防为主。施工单位制定了安全生产制度、安全生产纪律、安全生产事故应急预案三套。

1.安全生产基本措施

（1）建立以项目经理为首的安全生产领导小组，负责本工程安全生产的管理工作，健全和完善各级生产负责制配备各级安全管理人员，严格按照安全规程办事。

（2）对各单位工程要制定安全目标责任制，制定安全技术措施，做好安全技术交底，实行定岗定位。

（3）搞好施工现场安全用电管理，制定安全用电实施细则、确保施工安全。

（4）一切从事施工生产与管理的人员，均应取得相应的岗位合格证，坚持持证上岗。

（5）施工现场必须建立安全管理台账。

（6）实行每周一次的上岗安全交底制度，每周由项目经理、专职安全员组织安全检查，并做好安全上岗记录。

（7）夜间施工应设置相关警示标志及足够的照明。

（8）在施工前要对坡顶松动的石头进行认真仔细的清理，以防落下后砸伤施工人员。

（9）作业点遇恶劣天气及岩石松动等现象，应立即停止施工，向项目部直至公司汇报，或采用经公司审定的方案后施工。

（10）施工前必须由工长及安全员对操作工进行现场交底，下班总结。对重点项目、部位必须由项目经理向公司汇报后再做现场交底。

（11）施工中做好机械、工具及人员的防护和保护，施工人员在施工时必须佩带安全帽，不带安全帽的一律不准进入施工现场。

2.机械操作安全注意事项

（1）操作施工时须有人指挥，做到安全第一。机械设备防护装置一定要齐全有效。

（2）严格遵守建设主管部门的各类机械操作规程，现场各种机电设备、机械设备，均实行挂牌验收制度，未经专职人员验收不得使用。随时检查各种机具以及机电设备的安全可靠性，发现隐患及时处理。

（3）车辆驾驶员应严格执行交通规则，坚持中低速行使。

（4）严禁驾驶员擅自离开操作岗位，司机严禁酒后驾车。

（5）不懂机械的人员严禁使用机械设备。

3.用电安全技术要求

（1）施工现场必须执行“施工现场临时用电安全技术规范”（JGJ46－88）及其他应遵守的标准和规程。

（2）施工现场必须健全用电安全管理制度和责任制，建立有关档案。

（3）临时用电线路应架空，过道处用钢管或掩埋保护，不得乱拖乱拉。电线不得被车碾物压。

（4）施工现场电器设备均应有漏电保护装置，没有电工操作证者，不得进行与电有关的操作。

（5）各类电动工具均应完好，不许带病操作，防护措施应完好且必须有可靠有效地安全接地和防雷装置，方能开动使用。

（6）各类房屋内严禁乱拉电线和使用禁用电器。

4.治安、消防措施

（1）对施工人员进行治安消防教育，使所有施工人员严格遵守有关国家及地方规定，并自觉遵守当地乡规民约。

（2）建立防火制度，施工现场动用明火，必须遵守用明火规定，不得在禁止烟火处吸烟动火。

（3）做好治安综合治理工作，贵重物资、器具等应专人管理，不用时上锁、入库、进箱。

（4）治安消防工作落到实处与责任挂钩，定期检查，以预防为主。

（5）修理场所应保持干燥，通风良好，没有易燃、易爆物品。

5.雨天、大风天施工措施

（1）雨天坚持安全为主并落实有关组织、及抢险救灾措施。

（2）经常检查排水系统确保排水通畅，做好雨天施工安排。

（3）注意天气状况，收听天气预报做好防护措施。

（4）做好用电设备的防雨、防风措施，必要时加设缆风绳。

6.文明施工措施

文明施工目标：实施标准化管理，加强安全保卫，争创标准化工地。

（1）遵守“北京市建设工程文明施工管理暂行规定”，成立以项目经理为首的文明施工小组，责任到人，层层落实，开展文明达标活动。

（2）做好职工教育，杜绝各种不文明行为。与当地群众友好相处，如发生冲突应及时上报，由有关部门协调处理。

（3）加强宣传工作，施工现场设置各种安全、文明标语牌。

（4）加强防火工作，配置消防用具。

（5）建立门卫值班制度。

（6）加强卫生意识，派专人负责卫生工作，保持工地清洁卫生。道路要平整、坚实，场地内积水及时排出。

（7）按照施工平面图堆放材料及搭设临时设施，各类材料应堆放整齐，确保现场有条不紊。

7.环境保护

（1）执行“关于加强市区工程施工管理的若干规定（试行）”，并严格遵守其他关于环境的有关规定，加强对周围环境的保护。

（2）挖掘时对发现的文物等要及时保护，停止挖掘，遇地下管线等也要予以保护，同时尽快通知指挥部和有关部门，不得擅自处理。

（3）施工中应当避免扬尘太大，经常对运输道路采取洒水等措施，防止尘土飞扬。

（4）夜间施工应办理有关手续，遵守其规定。

七、结束语

潭柘寺镇鲁家滩利民采石场植被恢复工程以生态措施为主，工程措施为辅。采用了高科技、新技术。使绿化覆盖率达到90%以上，充分体现了护坡治沙保持水土及绿化美化的植被恢复的预期效果。

潭柘寺镇鲁家滩利民采石场施工前状况

蓄水池

潭柘寺镇鲁家滩利民采石场绿化后效果

潭柘寺镇鲁家滩利民采石场施工现场坡面整理后↑

植生袋护坡↓

潭柘寺镇鲁家滩利民采石场绿化后效果

王平镇东石古岩采石场关停废弃矿山生态恢复工程

一、设计指导思想

认真贯彻落实党中央、国务院关于生态环境建设的指示精神，按照北京市委、市政府对加快本市生态环境建设的总体要求，以现代林业理论为指导，遵循自然和经济规律，以改善全市生态环境为出发点，坚持生态优先、景观优美、高质高效的原则，解决矿山过度开采造成的突出矛盾和问题，以保护生态环境为目的，全面推进矿山的植被恢复工程建设，提高人民生活水平与生存质量，建设以森林为主体的高效能的生态体系，为形成“城市青山环抱、市区森林环绕、郊区绿海田园”的优美景观格局增光添彩，促进北京市生态环境和经济的可持续发展，实现区域生态效益、经济效益和社会效益的协调统一。

二、建设原则

1.坚持统筹规划，综合治理，因地制宜，分类指导的原则。

2.坚持生态优先，建设与保护并重的原则。

3.坚持高起点、高标准的原则。

4.坚持生态景观多样性的原则。

5.坚持生态环境建设与经济发展相结合的原则。

三、 基本情况

王平镇东石古岩采石场紧邻109国道，工程总面积301亩。

属于温带东岸大陆季风气候型、华北类型，其特点为冬季寒冷干燥，多风，夏季高温多雨，年平均气温在11℃左右。根据物候反映，全镇内不同地区约差十天上下，阴阳坡面差5～7天，无霜期为200天左右。全镇年平均降雨量为613.5mm，年降雨量无论在年内还是在年际内分配均不平衡，而年内各月份降雨量也有不均匀的规律，其中大部分集中在6～9月内，且多以大到暴雨形式出现。全年风向均以西北，北风为主，尤以春季突出，年平均风速2.7m/s。

王平镇东石古岩采石场生态恢复工程原貌是因采石过度造成的山体创面，大部分是遗弃的开采废渣和1t以上的大块石料，施工现场堆积的弃石和弃渣达3～4m深，还有深度达6～7m的大坑和峭壁高度在60m以上的开采创面，整个地段基本没有种植土壤，现有的自然植被寥寥无几，而地处旅游沿线公路边缘，是一处青山环抱的不毛之地，与整个地区周遍环境很不协调，急待进行生态修复。

整个工程占地301亩，机械平整土地推土石方$8.004\times10^4m^3$、机械挖土方$4.2\times10^4m^3$、机械运土方$4.48\times10^4m^3$，人工处理坡面、削坡共动土石方$2.3\times10^4m^3$，客土回填$3.3\times10^4m^3$，砌格宾网护坡$5000m^2$，建格宾网挡渣墙3500^4m^3，垂直崖面绿化搭建脚手架$8000m^2$，建格宾植生网袋护坡$5000m^2$，整个工程共种植高大油松、白蜡、银杏、杜仲、元宝枫、碧桃等乔、灌木4万余株、花卉1万余株，安装水利管线3000m，并配备水泵2台和蓄水池2座。

四、工程施工主要技术措施

王平镇东石古岩采石场植被恢复工程总共分为三大部分：即开采创面植被恢复；作业平台植被恢复；弃渣随机绿化恢复。

1.开采创面绿化

开采创面：指采石场的采石迹地。开采创面是采矿活动的直接作业面，坡度较大，一般在40～80°左右（有部分石壁坡面较光滑,无任何基质,一部分坡度超过80°甚至达90°）,通常是坚硬的碎石和石块结构，立地条件差，基本没有保土蓄水能力。

开采创面是废弃矿山生态植被恢复的一个技术难点、重点，且紧临公路边缘。

开采创面由于质地不同，坡度、坡长不一，稳定性差，在植被恢复前要采用工程措施进行坡面稳定性处理。采用的主要技术措施有生态植被袋技术、格宾网技术、喷播技术、岩面垂直绿化技术等。

王平镇东石古岩采石场开采创面植被恢复分为四部分内容：坡面整理、坡脚防护、坡面治理和坡顶治理。

（1）**坡面整理**

用人工和机械配合整理坡面，去除浮石和其他不稳定因素，为进一步施工作准备。

（2）**坡脚防护**

通过工程拦挡措施稳固坡脚；对较高较陡的坡体由于渣坡的坡度较陡、坡面稳定性较差，因此首先需要对坡面进行放坡和坡脚稳定，进行分级马道带状堆坡整地处理，从坡面的坡脚下部往上修筑台阶地，做3级台阶对坡脚能够有效地拦挡，每级台阶内平台宽2～3m，允许高差0.5m，基础利用石块修建格宾网挡渣墙，墙高度2m；二层、三层台阶用生态袋堆砌挡土墙，高3m。生态袋喷播草花和灌木种子（冰草、二月兰、胡枝子等），平台内回填客土，种植油松、杜仲、元宝枫、地锦、山杏、山桃、千头椿、连翘等，形成乔灌草结合的植被恢复模式。

（3）**坡面治理**

开采创面一般坡度陡峭，存在浮石，因此修建坡脚挡土墙前应清理坡面，排除危险隐患。依据东石古岩采石场开创坡面的条件及周边情况，分别采取格宾网挡墙、干砌挡墙、格宾网袋喷播和格宾植生绿化、生态袋喷播技术。

A.格宾网挡墙是利用高锌钢丝编制的网笼装填石块，并联结每个网笼形成整体受力挡墙，由于高锌钢丝按30年不锈蚀标准制造，而且挡墙透水性很好，能牢固的起到拦挡作用。施工中先下挖地基，安置格宾网笼，在网笼内装填石块，然后封好网笼上盖，码砌第二层网笼时向挡墙外侧错出80～100cm，计算侧土压力决定码砌层数。

B.干砌挡墙要求下挖基础，石块间要求交错码放，砌筑外面整齐，石料选择20～40cm。

C.格宾网袋喷播和格宾植生绿化均要做好基础固定工作，并联接好网格以防脱落，格宾植生绿化钢筋固定选择16～24cm，钉进山体30cm左右，连接好格宾网和钢筋铆杆，植生袋码砌要交错整齐，保持植生袋浇水湿润，以利植物生长发芽。格宾网袋喷播采用格宾网为岩面结构物，比以往单向网能有效地承重和联结填充物，对喷播基质起到稳定作用，操作步骤如下：

①整理坡面，根据情况进行放坡处理，使其达到挂网喷播的要求。

②搭建施工脚手架。

③在山体打眼钻空固定钢质铆杆，再张挂格宾网箱。

④用植生袋置入有机客土，装入格宾网箱内，填实后与山体走势形成一致坡面。

⑤喷播掺有植物种子、保水剂、植物黏合剂、肥料、种植土、植物纤维的基质。

⑥最后盖无纺布或遮荫网养护。

D.在峭壁和陡坡的底部为防止滑坡、稳定土壤，采用生态袋技术建筑挡土墙再喷播植物，达到绿化美化的目的。生态袋技术主要采取鑫三角GTX生态袋系统，其由两个主要部分组成，即鑫三角GTX生态袋和鑫三角连接扣。鑫三角GTX生态袋是可以填充碎石、土壤、基质等多种土工材料、种植材料的无纺布袋，是美国军方研制的高分子或大分子有机聚合物，无污染、不降解、强度高、韧性好，可以为植物根系提供良好的生长空间，草、花、灌木等植物种子可以通过混播、喷播、插播、压播等4种方法加入袋中或袋表面喷播，可迅速生长绿化植物；标准扣是用于连接鑫三角GTX生态袋的固定连接器，使交错码砌的生态袋之间形成稳定的三角结构，并通过整体材料的柔韧性形成自我修复的特性。在施工过程中主要注意每层之间的交叉以及码放的角度，保证整体的稳定性。

（4）坡顶绿化设计

坡顶上方易在雨季成为汇水面，雨水形成径流冲刷坡面，威胁坡面水土保持设施的安全，因此在坡顶外修建浆砌石截水沟，长度240m。在坡顶边缘与排水沟之间可以穴状整地栽植下攀援植物或下垂植物，如葛藤，加快坡面覆盖。

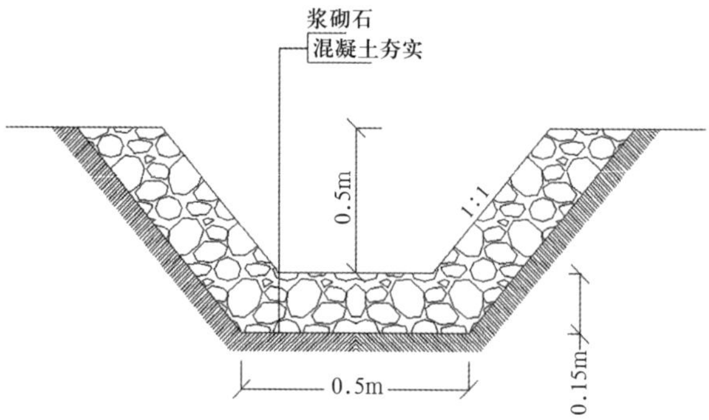

浆砌石排水沟截面图

（5）**植物品种和规格选择**

根据渣坡区的立地条件，以适地适树为原则，以提高造林的成活率和保存率为目标。选择的苗木主要采用土球苗，植被恢复设计的主要植物品种为山桃、元宝枫、油松、连翘、黄栌等。

（6）**种植模式**

自然式种植元宝枫、油松、连翘、山杏、玫瑰、黄栌、山杏、山桃等树种，针阔混交比例为5：5，种植密度为111株/亩；挡墙坡脚栽植地锦。

苗木种植后，在林下均匀撒播苜蓿、二月兰等灌草种子。

造林设计：具体设计要求见下表。

树　种	整地规格 /m×m×m	每亩种苗量 /种类　株	苗　龄 /≥(年)	苗　高 /cm	胸　径 /cm	根　长 /cm
油　松	1.0×1.0×0.8	土球苗 111	3～5	200～300	≥5	30
山　桃	1.0×1.0×0.8	土球苗 111	3～5	120～150	≥3	30
元宝枫	1.0×1.0×0.8	土球苗 111	3	200～300	≥5	25
黄　栌	1.0×1.0×0.8	土球苗 111	3	150～200	≥3	25
千头椿	1.0×1.0×0.8	土球苗 111	300	≥5.0	20	
连　翘	0.8×0.8×0.6	土球苗 667		100～120		

2.造林技术措施

（1）**整地**

整地规格如下表所示，树坑沿等高线水平排列分布，如果在规定的株行距遇到岩石或者立地条件特差的种植点，则可以在左右上下1m的范围内另选种植点。

时　间	造林前一个季节	形　式	穴状整地
规格及数量	坑长100cm，宽100cm，深80cm，每亩111穴		

（2）**栽植**

春季造林，3月中旬至4月下旬。其他技术要求：运输防止散坨，栽植时除掉包装；元宝枫苗应注意防止根系失水，随起苗随栽植。

(3) 混交方式

行间或块状混交。阔叶树种应在土层较厚的地方种植。混交比例为5：5。

3.幼林抚育

松土锄草：造林后第1年，入中春、夏末各1次，第2年至第3年春季各一次，第3年后结合松土锄草进行扩穴。元宝枫第3年只留生长健壮一根萌条，其余除去。

4.作业平台植被恢复

作业平台为采石后留下的不同大小石质平台，地势起伏不大，没有植物生长所需的土壤，一般的方法是客土种植乔灌木，并辅以其他的栽培措施，平均客土0.3m厚，再进行坑穴客土，工程量为$1.2\times10^4m^3$。在理顺水系的基础上，可根据废弃地的岩性、土壤养分状况、水分等因素和景观的要求选择耐贫瘠、干旱的乔、灌、草品种并合理种植。在种植前进行土地平整，填平较大的洼坑、消除大块渣石。

(1) 具体治理措施：

①清理平台上的浮石，保证施工安全。

②在平台上按株行距2×3m的规格挖坑，坑的规格为直径1.0m，深度0.8m，坑内客土；然后在平台上全面客土，客土深度为0.3m。

③在坑内栽植侧柏、油松、元宝枫、杜仲、黄栌、玫瑰、山桃等乔灌木，针阔比为4：6，在林下撒播多年生苜蓿、二月兰，形成乔灌草相结合植被群落。

④在底层平台边缘靠河道一侧修建平均坡长2m的格宾网砌石护坡墙。

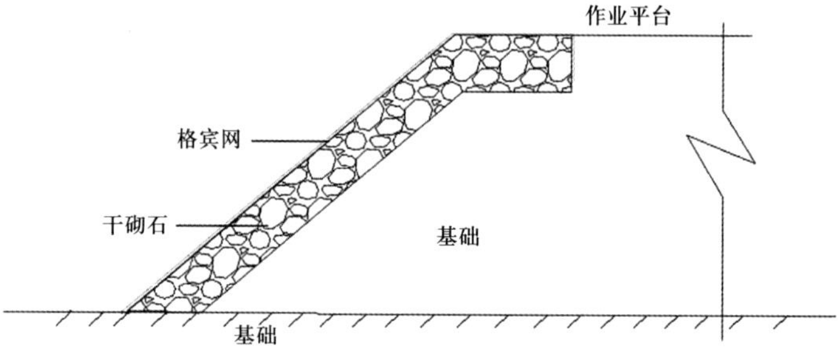

格宾网砌石护坡剖面图

(2) 造林方式

每亩种植苗木111株，针阔比为4：6，主要设计要求见下表。

树种	整地规格 /m×m×m	每亩种苗量 /种类 株	苗龄 /≥(年)	苗高 /cm	胸径 /cm	根长 /cm
油松	1.0×1.0×0.8	土球苗 80	3~5	200~300	≥5	30
侧柏	1.0×1.0×0.8	土球苗 111	3~5	200~300		30
元宝枫	1.0×1.0×0.8	土球苗 111	3	250~350	≥5	
黄栌	1.0×1.0×0.8	土球苗 111	3	150~200	≥2	25
千头椿	1.0×1.0×0.8	土球苗 111		300~400	≥5	20
杜仲	1.0×1.0×0.8	土球苗 111		400~500	≥	
山桃	1.0×1.0×0.8	土球苗 111		150~200	≥3	
连翘	0.8×0.8×0.6	土球苗	667	100~120		

（3）造林技术措施

①整地 整地规格如下表所示，树坑沿等高线水平排列分布，如果在规定的株行距遇到岩石或者立地条件特差的种植点，则可以在左右上下1m的范围内另选种植点。

时间	造林前一个季节	形式	穴状整地
规格及数量	坑长1m，宽1m，深0.8m，每亩111穴		

②栽植 春季造林，3月中旬至4月下旬。其他技术要求：运输防止散坨，栽植时除掉包装；元宝枫苗应注意防止根系失水，随起苗随栽植。

③混交方式 行间或块状混交。阔叶树种应在土层较厚的地方种植。混交比例为侧柏（油松）元宝枫（千头椿）5：5。

（4）幼林抚育

松土锄草。造林后第1年，入中春、夏末各1次，第2年至第4年春季各1次，第3年后结合松土锄草进行扩穴。元宝枫第2年只留生长健壮一根萌条，其余除去。

5.弃渣坡面随机绿化

主要在较陡的坡面选择较适宜植物生长的地段，种植攀援植物或其他植物，较陡的坡脚利用格宾网袋喷播稳固坡面，起到护土保墒的作用。

（1）造林方式

每亩种植苗木111株，针阔比为4：6，具体设计要求见下表。

树种	整地规格 /m×m×m	每亩种苗量 /种类 株	苗 龄 /≥年	苗 高 /cm	胸 径 /cm	根 长 /cm
侧柏	1.0×1.0×0.8	土球苗 111	3～5	200～300		30
黄栌	1.0×1.0×0.8	土球苗 111	3	150～200	≥2	25
山桃	1.0×1.0×0.8	土球苗 111		150～200	≥3	
连翘	0.8×0.8×0.6	土球苗 667		100～120		
葛藤					≥0.6	10～20
地锦					≥0.6	10～20

（2）**造林技术措施**

①整地 整地规格如下表所示，树坑沿等高线水平排列分布，如果在规定的株行距遇到岩石或者立地条件特差的种植点，则可以在左右上下1m的范围内另选种植点。

时 间	造林前一个季节	形 式	穴状整地
规格及数量	坑长1m，宽1m，深0.8m，每亩111穴		

②栽植 春季造林，3月中旬至4月下旬。其他技术要求：运输防止散坨，栽植时除掉包装；应注意防止苗木根系失水，随起苗随栽植。

③混交方式 行间或块状混交。阔叶树种应在土层较厚的地方种植。混交比例为4侧柏：6山桃。

（3）**幼林抚育**

松土锄草：造林后第1年，入中春、夏末各1次，第2年至第4年春季各1次，第3年后结合松土锄草进行扩穴。元宝枫第2年只留生长健壮一根萌条，其余除去。

（4）**水利配套**

项目区弃渣堆积体占有的面积较大，降水产生地表径流向四周汇集。根据实际地形地貌及工程布设情况设置截、排水工程，在周边的适当位置设置蓄水池2座，预计工程总量200m^3，利用积蓄雨洪作为恢复植被的养护用水。日常养护取水由村庄机井提供到项目区，再由现场水泵进行灌溉，项目区铺设供水管线3000m。

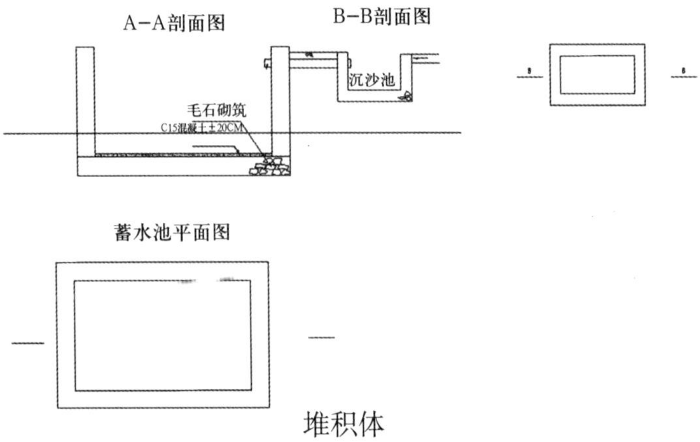

五、采取的主要技术措施

1.格宾网技术

利用高锌金属编制的网笼装填石块等填充物，网笼之间用高锌金属联接固定，利用高锌金属30年不锈蚀的特性，形成稳定的柔性整体结构，而且装填后的网笼具有透水性，能有效地防止侧滑和坍塌，装填后的网笼缝隙可生长植物，又形成了生态景观。

2.生态袋技术

生态袋技术主要采取国内外广泛应用的专利技术——鑫三角GTX生态袋系统，其由两个主要部分组成，即鑫三角GTX生态袋和鑫三角连接扣，鑫三角GTX生态袋是可以填充碎石、土壤、基质等多种土工材料、种植材料的无纺布袋，是美国军方研制的高分子或大分子有机聚合物，无污染、不降解、强度高、韧性好，可以为植物根系提供良好的生长空间，草、花、灌木等植物种子可以通过混播、喷播、插播、压播等4种方法加入袋中或袋表喷播，可迅速生长绿化植物，并根本起到固土的作用；标准扣是用于连接鑫三角GTX生态袋的固定连接器，使交错码砌的生态袋之间形成稳定的三角结构，并通过整体材料的柔韧性形成自我修复的特性和稳定性。

3.高磷生态肥技术

利用国家环保基金会的专利技术提炼的高磷酸有机肥料，针对本地土壤结构破坏严重的地块，喷施后还原土壤酸碱度，达到改良土壤作用，同时为植物生长提供了有

利的土壤、肥料基础。

4.渗水膜技术

多砂砾、多石块土壤条件差的地段，在种植坑内铺单层微米级线性小孔结构的新型渗水膜，具有渗水、保水、增温、调温、微通气、耐老化等功能，比普通地膜材料每亩节水100m^3以上，而且保证了植物根系的透气透水，防止积水烂根，有效地促进植物成活。

5.预制容器措施

利用不同材质订制的规格预制容器，加装各种土壤种植基质栽种植物，使植物在容器内良好的生长，并形成丰富根系的土坨，以便在夏、秋反季节栽植时种植，并保证植物的成活和较好的植株形态。

6.聚水保技术

在土壤条件差的地段，绿化种植过程中我们施用“聚水保”，它采用了先进的美国技术，是一种无毒、无污染具有超强吸水、保水能力的高分子聚合物，在土壤中形成一个“微型水库”，旱时释放水、涝时吸附水，并能快速吸收雨水保存，缓慢释放，防止蒸腾、渗漏水，保证植物正常生长。

7.核能素技术

利用美国花力通公司生产的“核能素”，在大树移植、裸根种植时灌淋根部，由于核能素由天然植物精华素制成、并含有快速生根和抗病毒因子，浇灌树木后，树木根、杆、叶迅速变绿，长势健壮，生长快速，增强抗逆性，有效地提高栽植成活率。

六、结束语

通过生态修复使本地区增加植被覆盖面积301亩，有效地起到了防止水土流失、涵养水源的作用，建成了旅游沿线的一处休闲绿地，美化了环境，促进了旅游经济的发展，同时区域内种植的银杏、杜仲等经济树种也给当地村民带来了一定的经济效益。

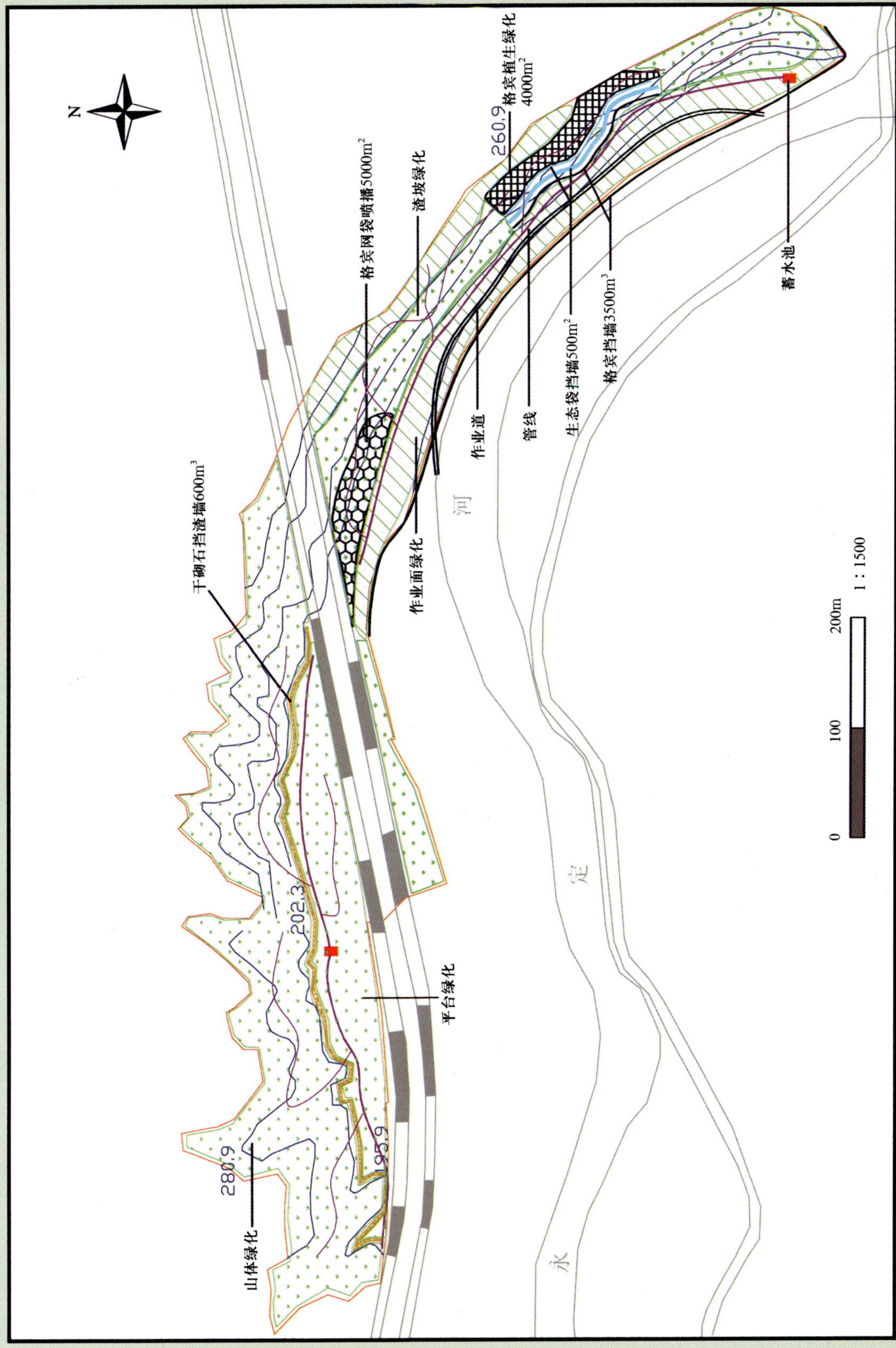

王平镇东石古岩采石场植被恢复施工图

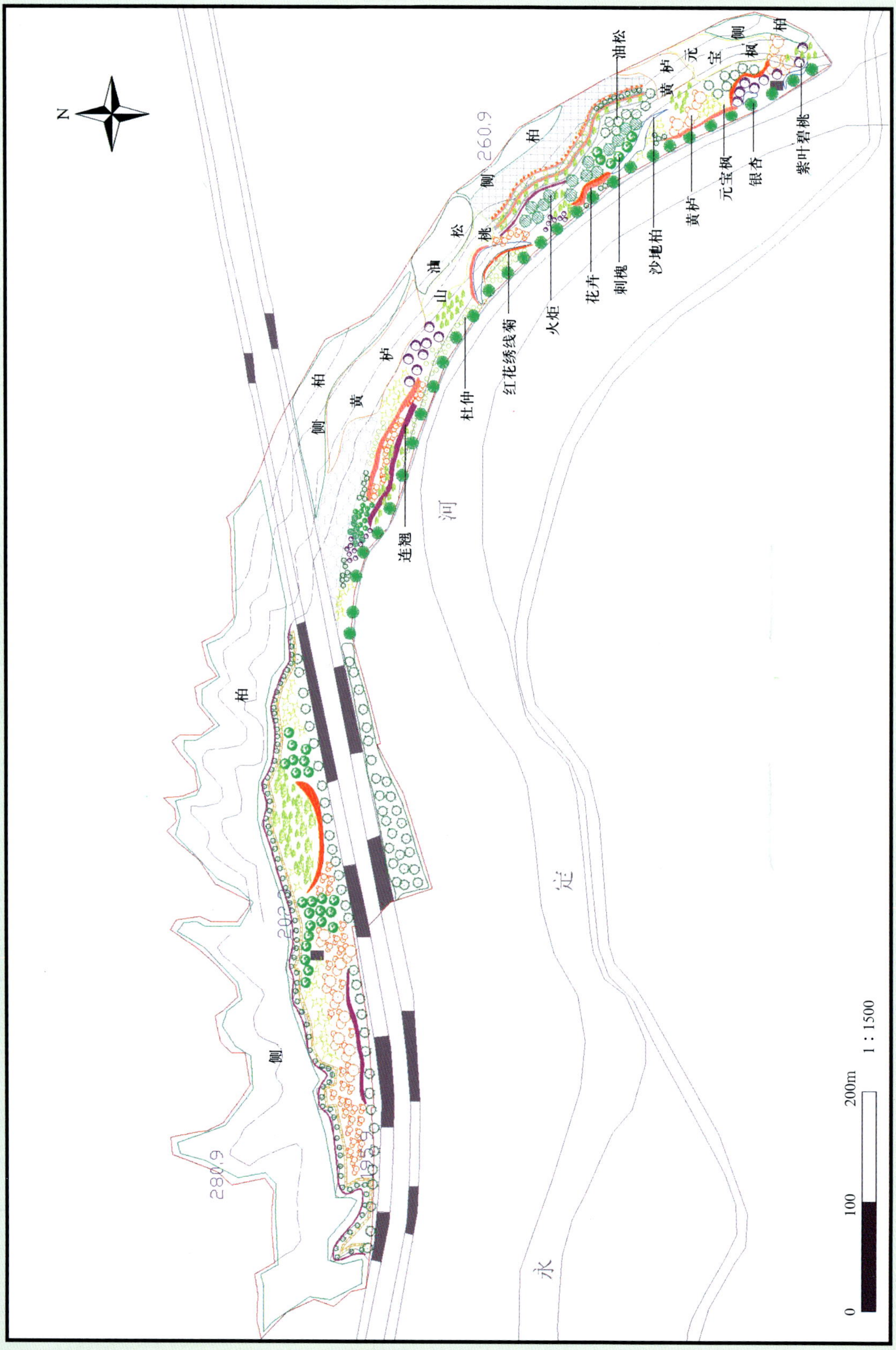

王平镇东石古岩采石场植被恢复绿化设计图

王平镇东石古岩采石场修复前状况1

王平镇东石古岩采石场修复前状况2

机械整理↓

王平镇东石古岩采石场修复前后对比

格宾网挡渣墙

创伤坡面修复—格宾植生袋

斋堂镇吕家村滑槽煤矿
关停废弃矿山生态恢复工程

一、概况

吕家村滑槽煤矿废弃矿山位于斋堂镇吕家村西，军红路从其弃渣边坡边沿穿过，弃渣边坡较陡面且不稳定，如遇雨雪天气，极易造成边坡下滑，危害公路及交通车辆安全。

该工程由军响林业站组织施工，施工工期从2008年4月20日～2008年7月10日，总工期历时51天；该工程治理废弃矿山面积26亩；完成浆砌挡渣墙644.12m^3，干砌挡渣墙50.51m^3，格宾挡渣墙72m^3，浆砌排水沟63m，增加生态砖22000块，弃渣平整2314m^3，客土回填1374.23m^3，共栽植各种苗木7540株（其中苗木增加4000株），播种草籽17kg。

二、施工管理目标

（1）清正廉洁 遵纪守法　　（2）质量为上 创建精品

（3）安全至上 防微杜渐　　（4）进度合理 求稳争先

（5）科学组织 创优增效　　（6）精诚团结 众志成城

（7）内强素质 外树形象　　（8）开拓进取 业绩一流

三、质量目标

质量指标均达到设计文件及技术验收规范的要求，确保工程质量一次检查合格率100%，创精品工程。

1.建立完备的质量管理组织，安排专职人员负责工程的质量管理、组织协调、安全生产等一系列工作。

2.建立质量检查制度，对施工的全过程进行质量检查、控制，发现问题，现场处理。

3.提高工程质量，逐渐完善质量保证体系和以质量为中心的经营管理理念，把创优工作落实到实处。

4.严把进场材料关；隐蔽工程验收关；服从业主、监理、设计的检查、指导和监督。

5.加强质量教育。对施工人员进行针对性的质量讲座，让每个施工人员都清楚自己所施工的工程项目质量标准，提高全员质量意识，使提高工程质量成为每个人的自觉行动。

6.认真做好变更设计工作，施工中发现问题后及时上报申请。

四、设计思路

1.顺公路建设方向，在弃渣的边坡的坡脚处，设置一道浆砌挡渣墙，墙高在1.5m左右，视具体情况而定，总原则保持墙的顶面标高一致。

2.在坡面2／3左右的标高处，设置一道格宾墙，使坡面由陡变缓，增加边坡稳定性。

3.坡面采用生态砖护砌边坡，并栽植沙地柏等苗木及播种景观花卉、草种。

五、主要工程措施

1.废弃矿渣平整：工程开工后，动用了2台挖掘机和1台铲运机进行协调配合施工。原矿渣堆高度约8m，深坑低洼处达10～12m；使用施工机械，把高处的堆石渣铲运到低洼处，经平整后，并且回填厚约50cm的全面客土，满足了种植苗木的条件。

2.浆砌挡渣墙施工：为防止边坡的下滑，减小边坡坡度，增强边坡的稳定性，在公路右路肩外侧沿弃渣坡脚处顺公路方向，砌筑了一道长80m的浆砌挡渣墙；墙基础宽1.3m，深1.0m,基础以上墙高1.5m。根据设计要求及现场地形条件，该矿共完成浆砌挡渣墙7道，方量644.12m^3。

3.干砌挡渣墙施工：参照设计图纸，根据现场具体情况，合理灵活地进行了适当变更，设置了2道干砌挡渣墙，完成方量50.51m^3。

4.利用新技术，进行格宾挡墙施工：格宾网采用热镀低碳钢丝，由机器编织而成，而且不生锈，具有变形能力好，有利于稳定边坡。故此，在该矿弃渣边坡的中偏上的2／3的部位沿边坡的水平方向设置了一道长72m、宽1m、高1m的格宾挡渣墙，减小了边坡的坡度，增强了边坡的稳定性。施工前严格按照设计及监理工程师的要求，使进场的格宾材料全部合格；组装格宾网时，严格按照格宾施工技术规范的要求进行，石料填充分4次进行，以保证格宾形状完整，外露部分人工砌垒，整齐填满，使石块密实；封盖时，将石料铺砌平整，利用封盖夹先将角端及相邻结点固定，然后进行绑扎，绑扎方式采用单股绑扎，每25cm绑扎一次，并进行绞紧。

5.客土回填及生态砖铺砌弃渣边坡：根据边坡的现场条件，为保证苗木的成活率，在码砌生态砖前，在坡面全面回填平均30cm厚的易于植物生长的客土，由于施工机械不能靠近现场地点，必须靠人工肩背，再进行人工摊平的方法施工；生态砖也是利用人工搬运至施工位置，然后再进行人工砌筑的方法完成的。该工程共铺砌生态砖22000块，回填客土600m^3。

6.浆砌截排水沟砌筑：为了排泄洪水，防止冲毁坡面，根据设计要求及现场实际情况，砌筑截排水沟63m。

7.苗木种植：结合现场实际情况，以达到绿化与美化相结合的效果，按照景点园林建设的标准，精心设计，合理布置，在坡面种植沙地柏及花卉等，其他部位采用常绿乔灌木、落叶乔木、播种草籽等地被植物相结合的方式，主要有侧柏、油松、地锦、元宝枫等适合当地生长的苗木。该工程项目共种植苗木7540株。

六、技术保证措施

1.严把进场材料关；材料无合格证、试验检测报告和试验不合格的不进场。

2.隐蔽工程报检制度。擅自作主进行施工的工序经检查如无自检记录和无监理工程师检验合格签证的要进行返工处理。

3.认真编好施工组织设计，制定施工方案确保工程质量。

4.严格按监理工程师批准的材料进场及工艺施工。

5.坚持检查制度。经检查合格后下道工序方可施工。

6.认真做好变更设计工作，以便计量支付。

7.加强质量教育。坚持工程项目质量标准，提高全员质量意识，使提高工程质量成为每个人的自觉行动。

8.服从业主、监理、设计人员的检查、指导和监督，虚心接受他们提出的改进意见，积极与业主、监理、设计人员搞好配合工作，同心协力共创优质工程。

七、安全生产措施

贯彻“安全第一、预防为主”的方针，施工队成立安全生产专职安全员，负责施工中的安全监督检查工作，确保安全、优质、高效地完成施工任务。

1.建立了安全生产责任制，与每一位工程主要负责人及各个施工队签订了《安全责任状》，做到分工明确，责任到人。

2.坚持安全生产教育：工程开工前，对所有施工人员进行安全生产教育，组织学习，并结合工程实际，制定安全措施，进行宣传教育。

3.在施工现场树立醒目的安全牌和张贴安全标语。道路两侧分别设置一道警示、减速标志，夜间悬挂红灯示警。

4.配备专职安全员负责安全生产，在岗期间，必须配戴红袖章现场指挥。

5.施工操作人员必须配戴安全帽方可进入现场进行施工。

八、工期保证措施

1.严密施工组织，科学合理地安排施工工艺。发现问题及时处理，以免影响施工进度。

2.合理编制详细的实施性施工组织设计，合理安排确定各项目的施工时间和时限，使每一项目的具体安排、具体方案都在总体计划控制之中。

3.强调计划的严肃性，突出重点，抓实物完成工作量，抓形象进度。

4.抓好工序衔接，把握关键环节。合理安排苗木种植时间，提高成活率。

5.加强机械设备和人员的投入，保证工程急需。

6.加强材料采购供应，以免影响工程进度。

7.科学施工，避免技术差错和返工浪费。

8.加强现场调度工作，坚持工程例会制度，及时解决施工中出现的各种难题，保证施工顺利进行。积极主动做好当地群众的思想工作，避免施工干扰。

九、环境保护措施

首先控制污染源，其次是采取有效地防污染措施。

1.对施工进场道路定期进行洒水，防止尘土飞扬。

2.进行临时设施施工及工程施工时，杜绝破坏原有植被，保护环境。

3.所有的施工垃圾和污水都要选择合适的地点进行掩埋处理。

4.对生活用水及施工用水的水源要分别管理，不得混用。

5.积极与所在村联成环境保护网络，认真听取地方环保部门的意见，接受监督和检查，并对所提问题认真加以改正。

十、文明施工措施

1.料场、工地材料做到分类堆放整齐，工完料尽，清理恢复。

2.料场、施工场地、施工道路做到布置合理，场地平整，排水畅通。

3.施工现场，清洁文明，环境卫生，做到施工场地各种料具、机械按指定位置放存，分类标识。

4.对施工生产的废弃物、建筑垃圾等及时清理，集中运至指定地点，创建一个赏心悦目的施工环境。

十一、廉政建设措施

为确保工程项目的顺利完成，且达到高质优效的目的，把廉政建设列入重要工作日程，在工作中将其与工程质量、工程进度一起布置、一起落实、一起检查。

1.认真贯彻各级领导的指示精神，常敲廉政警钟，强化廉政意识，以廉政建设为工作指导思想。

2.制定了详细的廉政制度，与各个施工队签订了《廉政合同》，并对社会公布了廉政建设举报电话，接受社会的监督，要求每一位现场施工人员、各个施工队廉洁守法，使廉政建设贯穿于工程建设的始终。

3.加强廉政建设教育，定期召开廉政会议，结合工程建设的实际，教育人人增强廉洁自律意识，筑牢拒腐防变的思想防线，增强廉政意识。

十二、成果分析与评价

目前，吕家村滑槽煤矿废弃矿山植被恢复工程经现场观察与量测计算，覆盖面积达到90%以上，体现了打击私挖盗采，恢复了森林植被覆盖率，达到了保持水土流失及绿化美化环境效果。

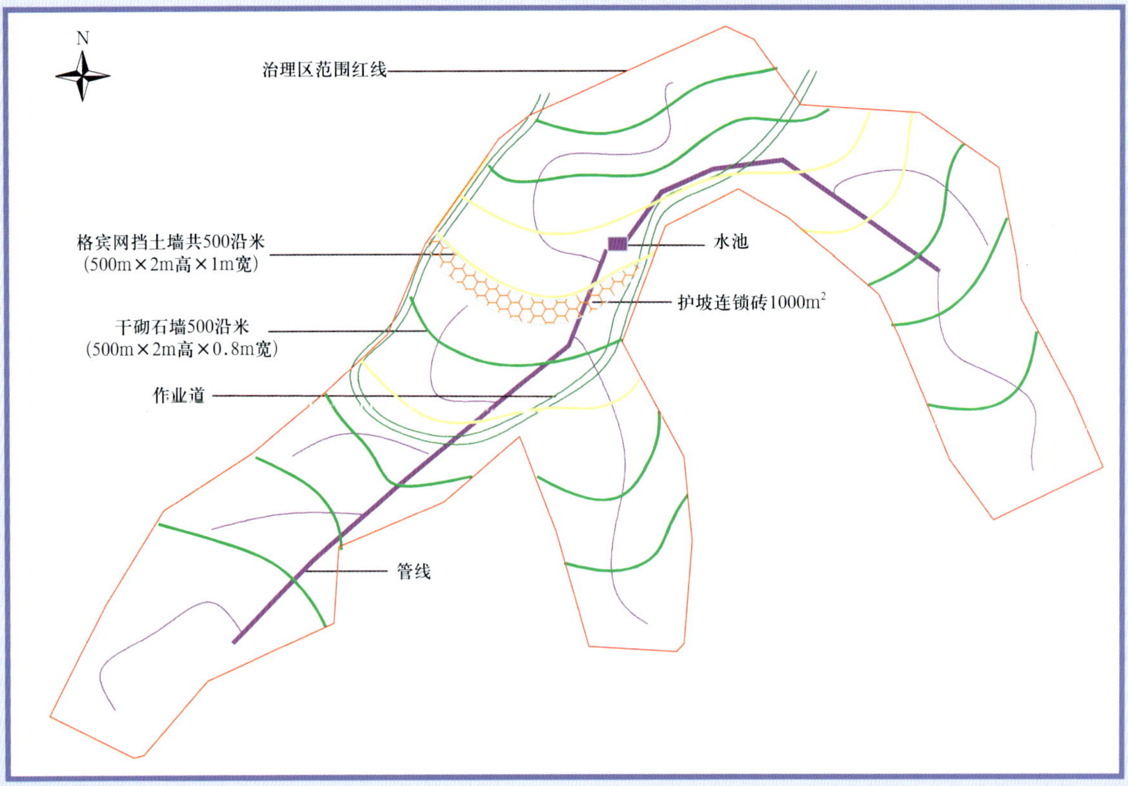

军响张家村二号煤矿修复施工图

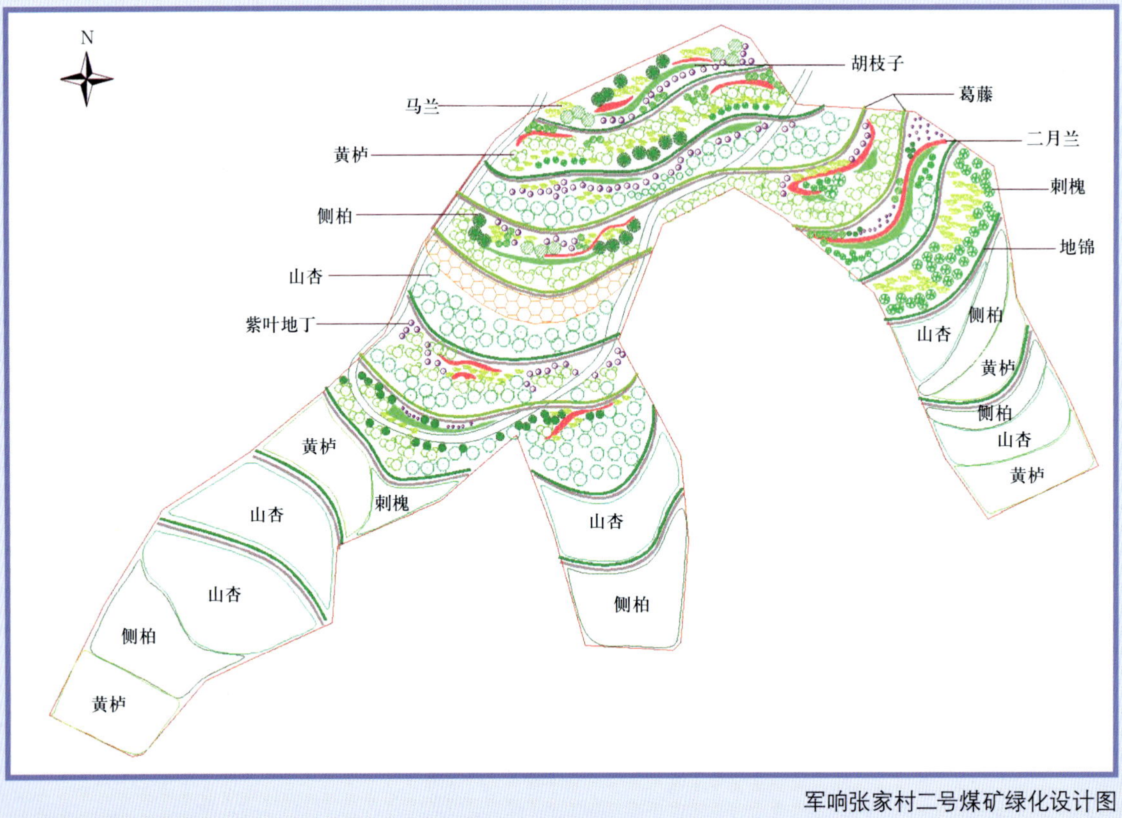

军响张家村二号煤矿绿化设计图

2007年斋堂镇吕家村滑槽煤矿绿化前

2007年斋堂镇吕家村滑槽煤矿施工前↑

2007年斋堂镇吕家村滑槽煤矿施工后↓

斋堂镇吕家村滑槽煤矿绿化后效果

水担路边坡治理生态修复工程

一、工程概况

门头沟区水担路边坡生态修复工程位于北京市门头沟区水担路。此路段是通往门头沟妙峰山、灵山、百花山等重要旅游景点的主要旅游线路。本工程地界隶属于首钢矿山公司。

本工程所有生态修复地段，为首钢矿山在采石过程中产生的废石料及废弃矿渣堆起的弃渣山。由于长期堆砌，山体坡度较大，土质条件差，区域生态环境十分脆弱，亟需进行生态修复。工程主要包括机械放坡，地形整理、土质更换、挡墙砌筑、乔灌木及地被植物种植。生态修复总面积为$5.1\times10^4m^2$。

二、 指导思想

《北京城市总体规划》将门头沟区定位为北京市生态涵养发展区；门头沟区正在由“京西矿区”向“生态涵养发展区”转变，同时，区委、区政府提出“生态立区”的发展战略，并提出了“加快构建高标准的生态规划体系，加快构建高效益的生态产业体系，加快构建高水平的生态涵养体系”的生态建设思路。由此确定本工程的指导思想如下：

1.生态修复工程以改善首都生态环境为目的，减轻风沙危害，控制水土流失，突

出生态和社会效应。

2.生物措施与工程措施相结合，坚持以生物措施为主。

3.因地制宜，适地适树。采用抗性强的乡土树种，提高生态功能，通过植物配比设计，实现植物的速生与慢生相结合，尽快形成地面覆盖，实现植被的建植稳定，突出展示华北石质山区植物种类和植物景观。

4.坚持依靠科学技术的原则，推广应用先进的造林技术与常规造林相结合。

三、治理工程施工原则

1.总体原则："安全、环保、美观、和谐"。

2.安全至上原则

（1）边坡生态修复在边坡稳定的前提下进行，生态修复与防护相互结合，生态修复技术可行，经济合理。

（2）生态修复工程能够达到保护环境、美化环境、防止水土流失的作用。

3.自然性、整体协调性原则

生态修复工程源于自然，与自然、人文、社会景观相协调，与公路主体结构相协调，突出公路结构线条美、刚性美。

4.可持续发展、全寿命周期节约原则

生态修复施工考虑近期、远期效果，处理好初期投入与后期养护的关系：

（1）植物群落建植以"乔、灌、草"结合，乡土植物与外来物种共生。

（2）加大乔木、灌木在修复中的比例，减少后期养护费用。

四、采取主要技术措施

因本工程地处通往妙峰山、灵山、百花山的主要旅游公路的第一道关口，且紧邻永定河，周边自然环境优美，所以本工程采用园林式绿化模式，注重景观与生态修复相结合的效果。

（一）基础工程施工技术

在第二区域的立面中间部分设计一条宽10m，总长约370m的盘山道路，路东端与

首钢矿区内的上山公路相连接，路西端与山顶平台相连接。在道路靠山体一侧砌筑格宾挡墙，并在道路两侧种植行道树。

由于第二区域上的道路紧邻山体，采用格宾挡墙及毛石挡土墙、毛石挡水墙，根据地形在坡顶及坡面设浆砌石排水沟。

1.边坡格宾护坡挡墙施工技术

（1）挡墙应有双面拉准线，按墙边线砌筑。

（2）填充料必须采用坚固密实、耐风化的石料，填充石料（碎石或卵石）的粒径，网箱应控制在8～25cm粒径的石料达到80%以上。

（3）填充石块利用自然形状，经敲打修整使能与其他石块基本吻合、搭接紧密、上下错缝、内外搭砌，并用较小粒径的碎石填充孔隙。

（4）网箱基础土及网箱后土均为素回填土。

（5）回填土应分层压实，每层回填土厚度≤20cm，并严格控制含水量，压实后的土干容重应≥$1.5t/m^3$。

（6）网箱材料采用镀锌钢丝。

2.边坡排水沟施工技术

作业面排水系统设置是否合理，直接关系到作业面植被的生长环境，对于长、大边坡、坡顶、坡脚以及平台，均需设置排水沟。并根据作业面水流量的大小考虑是否设置坡面排水沟。

排水沟采用浆砌石，采用坚固密实、耐风化好的石料，利用石块自然形状，经敲打修整使其能与其他石块基本吻合、搭接紧密、上下错缝、内外搭砌，并用较小粒径的碎石填充孔隙。砌筑完毕后，用水泥沙浆勾石缝。

（二）绿化工程技术

1.区域划分及绿化思路

本生态修复工程总占地51000m^2，分为三个区域。第一个区域为紧邻公路的东南山，第二个区域为弃渣山的北坡，第三个区域为弃渣山的南坡。三个区域坡度都比较陡峭，土石混合，土质较差，第一、三区域有少量植被覆盖。

第一区域由于距公路最近，设计以植物造景为主，突出景观效果。可从公路的视角突出植物的高低错落，体现出苗木优美的曲线和植物色彩的变化与景观效果。形成

常绿植物与花灌木结合的自然效果。

第二区域采取机械放坡，将原来很陡峭的山坡放的平缓圆滑，在坡顶做微地形处理，主要栽植常绿植物、彩叶乔木、开花灌木及上悬下爬的攀缘植物，并适地适树，多采用乡土树种，通过自然式的种植形式来还原自然界的植被状态，并使景观富有层次感。创造出春夏观花、秋季观红叶的自然情趣。

第三区域由于地处首钢矿区内环境污染较严重且山坡上已形成部分植物，不宜采取大面积整体修复，只在原有植物的情况下采用补植的方式，进行修复。

回填种植土及栽植：对边坡平台先进行种植土回填，回填厚度在40cm左右，回填种植土必须经过处理，添加肥料及消毒剂，使回填土不含有各种细菌，符合种植要求，然后开挖种植坑栽植花灌木，乔木种类宜是当地易成活小乔木，双排种植时，株行距为20×20cm。最后进行浇水养护，并视情况对其进行病虫害防治。

2.植物种类选择

（1）植物种类以选择优良的、适应能力强、抗旱的物种为出发点。选择物种的建群种类要求抗逆性尤其是抗旱性强，能够适应边坡恶劣的生长条件，在适应的基础上考虑其景观性能。结合采用沿线路域野生环境中具有广泛分布的植物种类，与环境协调一致，同时也有利于植被的长远发展。如山杏、山桃、黄栌、火炬树、油松、桧柏、侧柏等。

（2）速生与慢生相结合

通过植物配比施工，实现种子植被的速生与慢生相结合，从而一方面尽可能快地全面覆盖，另一方面实现植被的长远发展。如栽植荆条、胡枝子、波斯菊、沙棘、紫穗槐、丛生火炬树等。

五、治理成效

通过上述技术措施的应用，使水担路边坡满目疮痍的现象得到了彻底改善，保持了水体、涵养了水源，效益非常突出，绿化景观效果好，为门头沟区今后的边坡治理工程奠定了良好的技术基础。

水担路边坡绿化前状况1↑

水担路边坡绿化前状况2↑

水担路边坡绿化前状况3↑

水担路边坡绿化后效果↑↓

水担路边坡绿化后效果

水担路边坡绿化前状况↑

水担路边坡绿化后效果↑

水担路边坡绿化后效果↓→

↑水担路边坡绿化前状况

水担路边坡绿化后效果